本书为《温州市周边新墙材与建筑节能材料供应情况及常见设计做法研究》课题成果

建正工程师笔记丛书

夏热冬冷地区（浙江）建筑节能设计简明手册（第2版）

温州建正节能科技有限公司　组织编写

曾　理　徐建业　万志美　等编著

中国建筑工业出版社

图书在版编目（CIP）数据

夏热冬冷地区（浙江）建筑节能设计简明手册/曾理
等编著. —2 版. —北京：中国建筑工业出版社，2016.8
（建正工程师笔记丛书）
ISBN 978-7-112-19766-8

Ⅰ.①夏… Ⅱ.①曾… Ⅲ.①建筑设计-节能设计-
浙江-手册 Ⅳ.①TU201.5-62

中国版本图书馆 CIP 数据核字(2016)第 213446 号

本手册依据国家及浙江省相关现行规范、规程、通知及文件精神，结合本地区气候特征与建筑特点，在认真总结大量实际工程经验的基础上，着重对建筑设计在建筑节能设计中所需注意的问题进行分析。

本手册包括 8 章 10 个附录。主要技术内容包括：概况；屋面节能设计；外墙节能设计；内隔墙节能设计；门窗与透明幕墙节能设计；楼板及架空楼板节能设计；天然采光及自然通风与节能设计；建筑节能设计分析软件与权衡判断。

本手册可作为建筑节能设计、建筑工程管理中的实用工具，也可作为大专院校相关教师、学生以及设计院青年员工教学与参考读物。

* * *

责任编辑：吴宇江
责任设计：王国羽
责任校对：李欣慰 党蕾

建正工程师笔记丛书
夏热冬冷地区（浙江）建筑节能设计简明手册（第 2 版）
温州建正节能科技有限公司 组织编写
曾 理 徐建业 万志美 等编著
*
中国建筑工业出版社出版、发行（北京海淀三里河路 9 号）
各地新华书店、建筑书店经销
北京科地亚盟排版公司制版
北京云浩印刷有限责任公司印刷
*
开本：880×1230 毫米 1/32 印张：7¼ 字数：213 千字
2017 年 1 月第二版 2017 年 12 月第四次印刷
定价：**28.00** 元
ISBN 978-7-112-19766-8
(29271)

《夏热冬冷地区（浙江）建筑节能设计简明手册》（第2版）编委

主　　编：曾　理
副主编：徐建业　万志美
参　　编：施钟荣　徐　琦　张永炜
校　　审：郭　丽　方子晋　刘明明　周　辉　吴　策
　　　　　何亦飞　杨　毅　孙文瑶　丁　德　项志峰
　　　　　林胜华　陈建忠　戴其刚

第 2 版序

经过近十多年的研究、实践和发展，夏热冬冷地区建筑节能技术有了长足进步，浙江省工程建设标准《居住建筑节能设计标准》DB 33/1015—2015 结合浙江省的特点，在采暖计算温度、南区与北区划分以及供暖和空调计算期等方面的修订，一方面更加接近浙江实际用能工况，另一方面对节能与安全、节能增量成本与回报、节能体系与建筑使用寿命等一系列问题的解决，将起到积极的引领作用，也将更有利于建筑节能工作的有效推进。虽然由于种种原因，尚未针对"间歇式和局部空间"用能方式有所突破，但通过内保温技术和楼地面保温技术等，对实际节能效果也将产生良好作用。

针对更高建筑节能的要求，特别是随着建筑节能新材料、新技术和新体系的不断涌现，全面、系统学习和研究建筑节能技术，深度掌握建筑节能设计的内涵，十分迫切，因此，本简明手册的更新再版，对从事建筑节能设计、施工、验收和管理等相关人员的再次提升来说，无疑是十分有益的，有利于快速学习和掌握建筑节能设计要则、关键技术和方法，既可以作为工具书，也可以作为科普读物，对建筑节能工作的健康发展定能起到积极的推动作用。

本手册一方面对新版设计标准进行了详细解读，脉络清晰、重点突出；另一方面，通过相关案例分析，更有利于技术人员掌握建筑节能新材料、新技术和新体系的应用。特别是针对浙江省建筑节能现状、夏季炎热和冬季湿冷的气候环境、台风多雨的气象特征、间歇式局部空间用能和空调器为主的用能方式等等，通过大家的共同努力，定能取得有效突破，实现建筑节能工作的可持续发展。

钱晓倩

2016 年 5 月 31 日　于浙江大学

第1版序

　　建筑节能是我国节能减排战略中的一个重要环节，严寒和寒冷地区积累了丰富的建筑节能经验，并在实践中取得了显著效果。夏热冬冷地区的建筑节能工作中始于2003年，浙江省于2005年召开全省建筑节能大会后，全面启动。由于夏热冬冷地区建筑节能的基础研究欠缺和研究基础薄弱，所以主要是引进和消化北方地区成功的经验和技术，虽然也取得了一些成绩，但总体来说由于夏热冬冷地区特殊的气候特征，特别是有别于采暖地区的"间歇式和局部空间"用能方式，使得根据全时段和全空间设置的"设计标准工况"严重背离实际，按设计标准计算得到的节能率与实际可能实现的节能效果之"误差"高达75%以上，再加上节能与安全、节能增量成本与回报、节能体系与建筑使用寿命等一系列问题，在很大程度上影响了建筑节能工作的有效推进。

　　设计作为建筑节能的龙头，无论是人才队伍、设计技术等方面，近十年来均有了长足进步，但也由于行业特征，以及建筑节能新材料、新技术和新体系的不断发展，全面、系统学习和研究建筑节能技术，深度掌握建筑节能设计的内涵还是略显不足的，因此，本简明手册的编制出版，对提升从事建筑节能设计、施工、验收和管理等相关人员来说，无疑是十分有益的，有利于快速学习和掌握建筑节能基础知识、设计要则、关键技术和方法，既可以作为工具书，也可以作为科普读物，对建筑节能工作的健康发展定能起到积极的推动作用。

　　本手册一方面对现行设计标准进行了详细解读，其脉络清晰、重点突出；另一方面，通过相关案例比较，更有利于技术人员推进建筑节能新材料、新技术和新体系的应用。特别是针对浙江省建筑节能现状、夏季炎热和冬季湿冷的气候环境、台风多雨的气象特征、间歇式局部空间用能和空调器为主的用能方式等等，通过大家的共同努力，定能取得有效突破，实现建筑节能工作的可持续发展。

钱晓倩

2013 年 5 月 7 日　于浙江大学

前　言

　　建筑节能近年来成果显著，不仅得到了各方面的重视，而且相关的技术措施与配套系统均日益完善。但在建筑节能设计中，由于规范、规程、图集及相关文件错综复杂，无法做到一言而论，使得全面综合地去做好建筑节能设计成为不太容易的事情。

　　本手册依据国家及浙江省相关现行规范、规程、通知及文件精神，结合本地区气候特征与建筑特点，在认真总结大量实际工程经验的基础上，着重对建筑设计在建筑节能设计中所需注意的问题进行分析。

　　本手册包括8章10个附录。主要技术内容包括：概况；屋面节能设计；外墙节能设计；内隔墙节能设计；门窗与透明幕墙节能设计；楼板及架空楼板节能设计；天然采光及自然通风与节能设计；建筑节能设计分析软件与权衡判断。

　　对于各围护结构部位相同热工要求下不同材料的替换，在"材料变更"子项中专门论述；对于各部位可以参考引用的标准与图集，在"注意措施"子项中专门论述；对于特定材料在各标准中的差异，则在"附录"中作专门描述。

　　本手册力求广度，将各围护结构部位以最大限度作展开论述，如果读者想具体选用构造或者例图，请依据注明的标准号、规范书名以及图集号等找到原文，依据原文选用。

　　本手册可作为建筑节能设计、建筑工程管理中的实用工具，也可作为大专院校相关教师、学生以及设计院青年员工教学与参考读物。

　　在撰写本手册的过程中，收到了很多支持与鼓励，在此特别感谢项志峰、郭丽、孙文瑶、朱望鲁、董宏、潘海洲等同志对本手册所花费的时间与努力，感谢在百忙之中抽出时间以专家意见、建议、勉励与建设性点题等形式提高了本手册的质量，也激励我们最终成稿。

本手册虽然有一定的借鉴意义，但总有编者认知的局限性，希望各位前辈、各位同行多多指教，集思广益，填补本手册的不足，最终更好地推进本地区的建筑节能事业。

目　　录

第1章 概　况

浙江省属于全国夏热冬冷地区，故本地建筑设计主要遵循下列标准、规范、文件中的各项规定。

主要相关设计规范、标准：

（1）中华人民共和国国家标准《民用建筑热工设计规范》GB 50176—93；

（2）浙江省工程建设标准《居住建筑节能设计标准》DB 33/1015—2015（2003版已经作废，由2015版替代）；

（3）浙江省标准《公共建筑节能设计标准》DB 33/1036—2007；

（4）中华人民共和国国家标准《公共建筑节能设计标准》GB 50189—2015（2005版已经作废，由2015版替代）；

（5）中华人民共和国行业标准《夏热冬冷地区居住建筑节能设计标准》JGJ 134—2010（2001版已经作废，由2010版替代）。

其他相关规范：

（1）《浙江省民用建筑节能设计技术管理若干规定》省建设发[2009] 218号；

（2）《民用建筑外保温系统及外墙装饰防火暂行规定》公通字[2009] 46号（条文内容已在2014版《建筑设计防火规范》GB 50016中表达）；

（3）中华人民共和国国家标准《建筑设计防火规范》GB 50016—2014；

（4）中华人民共和国国家标准《建筑节能工程施工质量验收规范》GB 50411—2007；

（5）中华人民共和国行业标准《既有居住建筑节能改造技术规程》JGJ/T 129—2012；

（6）中华人民共和国行业标准《公共建筑节能改造技术规范》JGJ 176—2009；

（7）浙江省工程建设标准《墙体自保温系统应用技术规程》DB 33/T 1102—2014；

（8）浙江省工程建设标准《屋面保温隔热工程技术规程》DB 33/T 1113—2015。

1.1 常见名词释义参考

1. 建筑节能的由来

20世纪70年代，因阿以战争爆发而引起的阿拉伯石油禁运能源危机是最初建筑节能概念的摇篮，但最初阶段的措施主要还是以纯粹的节约能耗为主，随着建筑技术的发展，以及民间力量的踊跃参与，逐步发展为现在所遵循的在提高能耗效率的基础上实现节约能源的目的。

2. 建筑节能的50%与65%指标

建筑节能的50%指标最早出现于1995年修订，1996年执行的中华人民共和国行业标准《民用建筑节能设计标准》。其概念中的"100%"来源于原建设部对北方地区一批典型建筑在1980～1981年采暖期能耗的调查。在现阶段，50%指标是指"在保证相同的室内热环境的前提下，与未采取节能措施前相比，计算其全年的暖通空调和照明能耗应该相当于50%（GB 50189—2005）"。

另外一种说法是这样的："1986年，国家对新建采暖住宅提出要求：1986～1995，在1980～1981年当地通用设计能耗水平基础上普遍降低30%；1996～2004年，在达到第一阶段要求的基础上再节能30%，即总节能50%；2005年至今，在达到第二阶段要求的基础上再节能30%，即总节能65%。"

3. 外保温体系

外保温是保温层置于外墙的外表面的一种建筑保温节能技术。具有较好的热稳定性，室外温度波动对室内影响较小，具有一定的隔热效果。与内保温体系、自保温体系相比，外保温体系施工周期较长。

4. 内保温体系

内保温是在外墙结构的内部加做保温层的一种建筑保温节能技

术。特点是施工速度快，操作方便灵活，对于间歇性供冷供热工程在实际使用中节能效果显著。与外保温体系相比内保温体系在潮湿地区易发墙体霉变。

5. 墙体自保温体系

按《墙体自保温系统应用技术规程》DB 33/T 1102—2014，主墙体部位采用自保温墙体块材，热桥部位采用普通抹灰砂浆或保温抹灰砂浆、保温薄片等无机材料进行处理，形成的能满足节能要求的墙体保温系统。

自保温体系特点与内保温体系类似，主要体现在施工速度快，以及对于间歇性供冷供热工程在实际使用中有节能效果显著。与外保温体系相比自保温体系需在抗裂处理上进行加强。

6. 自保温墙体

按《墙体自保温系统应用技术规程》DB 33/T 1102—2014，由自保温墙体块材砌筑而成的填充墙体。

7. 建筑反射隔热涂料

具有较高太阳热反射比和半球发射率，可以达到一定隔热效果的涂料。

8. 轻集料

堆放密度不大于 1100kg/m³ 的轻粗集料和堆积密度不大于 1200kg/m³ 的轻细集料的总称。按其性能分为超轻集料、普通轻集料和高强轻集料三种。

9. 热桥

热桥以往又称冷桥，现统一定名为热桥。热桥是指处在外墙和屋面等围护结构中的钢筋混凝土或金属梁、柱、肋等部位。因这些构件与砌体填充部位相比传热较快，故称为热桥。

常见的热桥有处在外墙周边的钢筋混凝土抗震柱、圈梁、门窗过梁，钢筋混凝土或钢框架梁、柱，钢筋混凝土或金属屋面板中的肋，以及金属玻璃窗幕墙中和金属窗中的金属框和框料等。

10. 体形系数

建筑物与室外大气接触的外表面积与其所包围的体积的比值。

11. 修正系数 φ

主要有两种含义：一是非均质材料性能差异；二是材料受外界

因素影响导致性能发生变化。本手册中提到的修正系数，主要以浙江省标准《公共建筑节能设计标准》DB 33/1036—2007 与浙江省标准《居住建筑节能设计标准》DB 33/1015—2015 中提到的为主。

1.2　常用单位

名称	单位	转换计算	备注
导热系数 λ	W/(m·K)	1m 厚物体，两侧表面温差为 1℃，单位时间内通过 1m² 面积传递的热量。导热系数与材料的组成结构、密度、含水率、温度等因素有关	
当量导热系数 λ		非均质材料或构造传导热性能指标，其数值为厚度与热阻的比值	
蓄热系数 S	W/(m²·K)	$S=\sqrt{\dfrac{2\times P_i \times \lambda \times c \times \rho}{24\times 3600}}$	物体表面温度改变 1K 时，单位表面积储存或释放的热流量
热阻 R	(m²·K)/W	$R=d/\lambda$	d 为材料层的厚度
R_i	(m²·K)/W	0.11	内表面交换热阻
R_e	(m²·K)/W	0.04（常规值）	外表面交换热阻
		0.04	冬季的外墙、屋顶、与室外空气直接接触的表面
		0.06	冬季的与室外空气相通的不采暖地下室上面的楼板
		0.08	冬季的闷顶、外墙上有窗的不采暖地下室上面的楼板
		0.17	冬季的外墙上无窗的不采暖地下室上面的楼板
		0.05	夏季的外墙和屋顶
传热阻		传热阻以往称总热阻，现统一定名为传热阻。传热阻：$R_0=R_i+\sum R+R_e$，围护结构的传热系数 K 值愈小，或传热阻愈大，保温性能愈好。R_i 与 R_e 分别是材料内外表面的换热阻。他们是固定数据，可由表查得：0.11m²/(K·W)，0.04m²/(K·W)（常规值）。	
传热系数 K	W/(m²·K)	$K=1/R$	以往称总传热系数，现行标准规范统一定名为传热系数，指在稳定传热条件下，围护结构两侧空气温差为 1 度（K,℃），1h 内通过 1m² 面积传递的热量

续表

名称	单位	转换计算	备注
热惰性指标 D	—	单层结构 $D=R \cdot S$ （多层结构 $D=\sum R \cdot S$）	表征围护结构对周期性温度波在其内部衰减快慢程度的一个无量纲指标。 式中 R 为结构层的热阻，S 为相应材料层的蓄热系数，D 值愈大，围护结构的热稳定性愈好
遮阳系数		遮阳系数通常指太阳辐射总透射比与 3mm 厚普通无色透明平板玻璃的太阳辐射的比值。 有外遮阳时，遮阳系数＝综合遮阳系数（S_w）＝玻璃的遮阳系数（SC）×外遮阳的遮阳系数（SD）； 无外遮阳时，遮阳系数＝玻璃的遮阳系数（SC）。具体细节描述详见第 5 章内容	
太阳得热系数 $SHGC$		通过透光围护结构（门窗或透光幕墙）的太阳辐射室内得热量与投射到透光围护结构（门窗或透光幕墙）外表面上的太阳辐射量的比值。 标准玻璃太阳得热系数理论值为 0.87。因此可以按 $SHGC$ 等于 SC 乘以 0.87 进行换算	
窗墙面积比		浙江省标准《公共建筑节能设计标准》DB 33/1036—2007 中对窗墙面积比的定义是："窗户洞口（包括外门透明部分）总面积与同朝向的墙面（包括外门窗的洞口）总面积的比值。"也可以理解为单一朝向上透明部分所占当前朝向面积比例。此处概念与浙江省标准《居住建筑节能设计标准》DB 33/1015—2015 中的平均窗墙面积比相似。浙江省标准《公共建筑节能设计标准》DB 33/1036—2007 同时有提到总窗墙比概念。 浙江省标准《居住建筑节能设计标准》DB 33/1015—2015 中对窗墙面积比的定义是："窗户洞口面积与房间立面单元面积的比值。"	

备注：本手册中提到的导热系数以浙江省标准《公共建筑节能设计标准》DB 33/1036—2007 与浙江省标准《居住建筑节能设计标准》DB 33/1015—2015 中提到的为主、国家标准、行业标准、建设规程作为补充。

1.3 适用范围

适用范围要求 表 1-2

行标居建	1.0.2 本标准适用于夏热冬冷地区新建、改建和扩建居住建筑的建筑节能设计。 1.0.2 条文解释：本标准适用于各类居住建筑，其中包括住宅、集体宿舍、住宅式公寓、商住楼的住宅部分、托儿所、幼儿园等

省标居建	1.0.2 本标准适用于浙江省行政区域内新建、改建和扩建居住建筑的建筑节能设计。 1.0.2 条文解释：适用于各类居住建筑，其中包括：住宅、别墅、商住楼的住宅部分、综合楼的住宅部分、宿舍、老年公寓、酒店式公寓、托儿所、幼儿园等。其中，商住楼或综合楼设置物业用房、居委会办公、社区活动用房或商业服务网点时当这部分公共建筑总建筑面积不大于 300m² 时，整幢建筑可视为居住建筑进行节能设计；当上述用房总建筑面积大于 300m² 时，这部分公共建筑应按乙类公共建（省标公建）进行节能设计
国标公建	1.0.2 本标准适用新建、改建和扩建的公共建筑节能设计。 1.0.2 条文解释：不设置供暖制冷设施的建筑的围护结构热工参数可不强制执行本标准。宗教建筑、独立卫生间和使用年限在 5 年以下的临时建筑的围护结构热工参数可不强制执行本标准
省标公建	1.0.2 本标准适用 300m² 以上新建、改建和扩建的公共建筑节能设计。 1.0.2 条文解释：建筑划分为民用建筑和工业建筑。民用建筑又分为居住建筑和公共建筑。公共建筑则包含办公建筑（包括写字楼、政府部门办公楼等），商业建筑（如商场、金融建筑等）旅游建筑（如旅馆饭店、娱乐场所等），科教文卫建筑（包括文化、教育、科研、医疗、卫生、体育建筑等），通信建筑（如邮电、通讯、广播用房）以及交通运输建筑（如机场、车站建筑等）。 对于建筑面积 300m² 及以下的公共建筑可适当放宽要求，不执行本标准的规定

1.4 面积与建筑分类

国标公建 3.1.1 条文规定   表 1-3

	分类要求	条文解释要点
甲类建筑	单栋建筑面积大于等于 300m²，或单栋建筑面积小于或等于 300m² 但总建筑面积大于 1000m² 的建筑群，应为甲类公共建筑	对于本标准没有注明建筑分类的条文，甲类和乙类建筑应统一执行
乙类建筑	单栋建筑面积小于或等于 300m² 的建筑，应为乙类公共建筑	这类建筑只给出规定性节能指标，不再要求作围护结构权衡判断

浙江省标准《居住建筑节能设计标准》DB 33/1015—2015 在 4.1.5 条对于此方面内容，做出如下描述：

当单幢建筑内设有总建筑面积不大于 300m² 的商业服务网点、物业用房、居委会办公、社区活动用房等小区配套服务用房时，整幢建筑应按居住建筑进行节能计算。

1.5 体形系数要求

现主要执行的浙江省标准《居住建筑节能设计标准》DB 33/1015—2015 对体形系数按建筑层数提出不同要求。这与中华人民共和国行业标准《夏热冬冷地区居住建筑节能设计标准》JGJ 134—2010 的概念如出一辙。

中华人民共和国国家标准《农村居住建筑节能设计标准》GB/T 50824—2013 未对体形系数提出要求。

中华人民共和国国家标准《公共建筑节能设计标准》GB 50189—2015 未对夏热冬冷地区建筑的体形系数提出要求。

体形系数限值要求　　　　　　　　表 1-4

行标居建	≤3 层	(4～11) 层		≥12 层
	0.55	0.4		0.35
省标居建 （地上建筑层数）	≤3	4～9	10～33	≥34
	0.75	0.55	0.50	0.45
省标公建	建筑物的体形宜避免过多的凹凸与错落，体形系数不宜大于 0.4			

1.6 建筑朝向

建筑节能中对建筑物朝向的定义与常规认知有所差异。如图 1-1 所示，建筑节能设计标准认为：

(1)"北"代表从北偏东 60°至偏西 60°的范围；

(2)"东、西"代表从东或西偏北 30°（含 30°）至偏南 60°（含 60°）的范围；

(3)"南"代表从南偏东 30°至偏西 30°的范围。

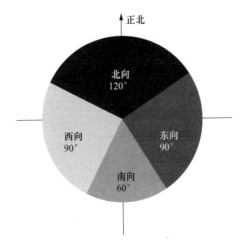

图 1-1 建筑朝向示意图

省标居建与国标公建对建筑朝向的条文要求 表 1-5

省标居建	居住建筑的适宜物朝向为南偏东 30°至偏西 15°
国标公建	建筑的主体朝向宜选择当地最佳或适宜朝向

1.7 隔声要求的处理

在一些特殊工程中，保温隔热要求会与隔声要求同时出现。例如：按中华人民共和国国家标准《声学管道、阀门和法兰的隔声》GB/T 31013—2014/ISO 15665：2003 的建议，应先安装保温隔热层，再安装隔声层，为避免两层交界面结露，隔声层外侧还需增设一道防水隔气层，且在最外侧保护层施工时，要避免使用铆钉或自攻螺丝。

1.8 相关名词缩写

本手册内相关名词缩写如下：

（1）"浙江省工程建设标准《居住建筑节能设计标准》DB 33/1015—2015"简称为"省标居建"；

（2）"浙江省标准《公共建筑节能设计标准》DB 33/1036—2007"简称为"省标公建"；

（3）"中华人民共和国国家标准《公共建筑节能设计标准》DB 50189—2015"简称"国标公建"；

（4）"中华人民共和国行业标准《夏热冬冷地区居住建筑节能设计标准》JGJ 134—2010"简称"行标居建"；

（5）"中华人民共和国国家标准《农村居住建筑节能设计标准》GB/T 50824—2013"简称"国标农居"；

（6）"《民用建筑外保温系统及外墙装饰防火暂行规定》公通字〔2009〕46号"简称为"公通字〔2009〕46号"；

（7）"《浙江省民用建筑节能设计技术管理若干规定》省建设发〔2009〕218号"简称为"省建设发〔2009〕218号"；

（8）"传热系数 K"简称为"K"，其单位为 W/(m^2·K)；

（9）"热惰性 D"简称为"D"；

（10）甲类公共建筑简称为"甲类公建"；

（11）乙类公共建筑简称为"乙类公建"；

（12）丙类公共建筑简称为"丙类公建"；

（13）蒸压砂加气混凝土砌块简称为"砂加气混凝土砌块"；

（14）非黏土型烧结多孔砖简称为"非黏土多孔砖"；

（15）保温棉（矿棉，岩棉，玻璃棉板、毡）简称为"保温棉"，其保温棉品种较多，具体参数详见附录A；

（16）无机轻集料保温砂浆简称为"无机保温砂浆"；

（17）"窗墙面积比"简称为"窗墙比"；

（18）"外窗综合遮阳系数 SCw"简称"SCw"，按中华人民共和国行业标准《夏热冬冷地区居住建筑节能设计标准》JGJ 134—2010，其他遮阳系数相关内容描述详见第5章内容；

（19）"遮阳系数 S_w"简称为"S_w"；

（20）"PVC塑钢窗"简称为"塑钢"；

（21）"断热铝合金窗"简称为"断热"；

（22）"9mm空气层"简称为"9A"，"12mm空气层"简称为"12A"；

（23）"太阳得热系数 SHGC"简称为"SHGC"；

（24）行标居建把获取节能综合指标的方法称作为"权衡判断"，省标公建把获取节能综合指标的方法称作为"综合判断"，本手册统一称为"综合判断"；

（25）"中华人民共和国国家标准《建筑设计防火规范》GB 50016—2014"简称为"防火规范"；

（26）"中华人民共和国行业标准《建筑外墙外保温防火隔离带技术规程》JGJ 289—2012"简称为"防火隔离带规程"；

（27）"中华人民共和国行业标准《建筑外墙防水工程技术规程》JGJ/T 235—2011"简称为"外墙防水规程"。

第 2 章 屋面节能设计

2.1 标 准 指 标

屋面节能设计相关要求　　　　　　表 2-1

	国标公建		省标居建		国标农居
	甲类	乙类	体形系数≤0.4	体形系数>0.4	
传热系数 K 要求 $[\text{W}/(\text{m}^2 \cdot \text{K})]$	$D \leqslant 2.5$，$K \leqslant 0.4$；$D > 2.5$，$K \leqslant 0.5$	$K \leqslant 0.7$	$D \leqslant 2.5$，$K \leqslant 0.6$；$2.5 < D \leqslant 3.0$，$K \leqslant 0.7$；$D > 3.0$，$K \leqslant 0.8$	$D \leqslant 2.5$，$K \leqslant 0.5$；$2.5 < D \leqslant 3.0$，$K \leqslant 0.6$；$D > 3.0$，$K \leqslant 0.7$	$K \leqslant 1.0$，$D \geqslant 2.5$；$K \leqslant 0.8$，$D < 2.5$
综合判断限值	$K \leqslant 0.7$		不得突破限值		无要求

备注：国标公建、省标居建以 D 值为先行区别条件，国标农居以 K 值为先行区别条件。

2.2 常用材料及主要计算参数

常用屋面节能构造材料　　　　　　表 2-2

基层屋面板	◆钢筋混凝土板 ◆金属夹芯复合板材
保温材料	◆挤塑聚苯板（XPS、挤塑聚苯乙烯泡沫塑料板） ◆模塑聚苯板（EPS、膨胀聚苯板、模塑聚苯乙烯泡沫塑料），其品种较多，具体详见附录 B。 ◆泡沫玻璃，其品种较多，具体详见附录 C。 ◆保温棉（矿棉，岩棉，玻璃棉板、毡），其品种较多，具体详见附录 A。 ◆聚氨酯泡沫塑料，其品种较多，具体详见附录 D

建筑节能主要计算参数 表 2-3

材料名称	引用规范	导热系数 [W/(m·K)]	修正系数	相同厚度下，相当于 XPS 热工性能百分比（%）
钢筋混凝土楼板		1.74	1.0	—
挤塑聚苯板		0.030	1.2	—
模塑聚苯板	浙江省工程建设标准《居住建筑节能设计标准》DB 33/1015—2015 浙江省标准《浙江省公共建筑节能设计标准》DB 33/1036—2007	0.041	1.3	67.54
泡沫玻璃		0.062	1.1	52.79
保温棉		0.044	1.3	62.94
憎水型微孔硅酸钙板		0.055	1.2	54.55
泡沫混凝土板		0.120	1.2	25.00
轻骨料混凝土找坡材料		0.47	1.5	5.11
		0.36	1.5	6.67
轻质混合种植土		0.47	1.5	5.11
聚氨酯泡沫塑料	中华人民共和国行业标准《倒置式屋面工程技术规程》JGJ 230—2010	0.024	1.2	125.00

2.3 居住建筑常用做法

居住建筑屋顶类型 1：平屋面 A1 _ 31mm 挤塑聚苯板 表 2-4

各层材料名称	厚度（mm）	导热系数 [W/(m·K)]	修正系数	修正后导热系数 [W/(m·K)]	蓄热系数 [W/(m²·K)]	修正后蓄热系数 [W/(m²·K)]	热阻值 [(m²·K)/W]	热惰性指标
细石混凝土	40	1.740	1.0	1.740	17.200	17.200	0.023	0.395
隔离层	0	—	—	—	—	—	—	—
挤塑聚苯板	31	0.030	1.2	0.036	0.320	0.384	0.861	0.331
防水层	0	—	—	—	—	—	—	—
水泥砂浆	20	0.930	1.0	0.930	11.370	11.370	0.022	0.245
轻骨料混凝土	80	0.36	1.5	0.540	5.13	7.695	0.148	1.140
钢筋混凝土屋面板	120	1.740	1.0	1.740	17.200	17.200	0.069	1.186

续表

各层材料名称	厚度(mm)	导热系数[W/(m·K)]	修正系数	修正后导热系数[W/(m·K)]	蓄热系数[W/(m²·K)]	修正后蓄热系数[W/(m²·K)]	热阻值[(m²·K)/W]	热惰性指标
合计	291	—	—	—	—	—	1.123	3.297
屋顶传热阻[(m²·K)/W]	$R_0 = R_i + \sum R + R_e = 1.273$				注:R_i 取 0.11,R_e 取 0.04			
屋顶传热系数[W/(m²·K)]	$K = 1/R_0 = 0.786$							
热惰性指标	$D = 3.297$							

挤塑聚苯板厚度变化时,屋面热工参数							
厚度(mm)	31	35	40	45	50	55	60
传热系数 K	0.786	0.723	0.657	0.602	0.555	0.516	0.481
热惰性指标 D	3.297	3.339	3.393	3.446	3.499	3.553	3.606
倒置式屋面设计厚度加权25%	39	44	50	57	63	69	75
省标居建4.2.12条的要求	体形系数≤0.4	$D≤2.5$	$2.5<D≤3.0$		$D>3.0$		
		$K≤0.6$	$K≤0.7$		$K≤0.8$		
	体形系数>0.4	$D≤2.5$	$2.5<D≤3.0$		$D>3.0$		
		$K≤0.5$	$K≤0.6$		$K≤0.7$		

居住建筑屋顶类型 2:平屋面 A2_60mm 泡沫玻璃板　表 2-5

各层材料名称	厚度(mm)	导热系数[W/(m·K)]	修正系数	修正后导热系数[W/(m·K)]	蓄热系数[W/(m²·K)]	修正后蓄热系数[W/(m²·K)]	热阻值[(m²·K)/W]	热惰性指标
细石混凝土	40	1.740	1.0	1.740	17.200	17.200	0.023	0.395
隔离层	0	—	—	—	—	—	—	—
泡沫玻璃	60	0.062	1.1	0.068	0.81	0.891	0.880	0.784
防水层	0	—	—	—	—	—	—	—
水泥砂浆	20	0.930	1.0	0.930	11.370	11.370	0.022	0.245
轻骨料混凝土	80	0.36	1.5	0.540	5.13	7.695	0.148	1.140
钢筋混凝土屋面板	120	1.740	1.0	1.740	17.200	17.200	0.069	1.186

各层材料 名称	厚度 (mm)	导热系数 [W/ (m·K)]	修正 系数	修正后 导热系 数 [W/ (m·K)]	蓄热系数 [W/ (m²·K)]	修正后蓄 热系数 [W/ (m²·K)]	热阻值 [(m²·K) /W]	热惰性 指标
合计	320	—	—	—	—	—	1.141	3.750
屋顶传热阻 [(m²·K)/W]	$R_0=R_i+\sum R+R_e=1.291$					注：R_i 取 0.11，R_e 取 0.04		
屋顶传热系数 [W/(m²·K)]	$K=1/R_0=0.774$							
热惰性指标	$D=3.30$							

泡沫玻璃板厚度变化时，屋面热工参数							
计算厚度（mm）	60	65	70	75	80	85	90
传热系数 K	0.774	0.733	0.695	0.662	0.631	0.603	0.578
热惰性指标 D	3.750	3.815	3.881	3.946	4.011	4.077	4.142
倒置式屋面设计厚度加权25%	75	81	88	94	100	106	113
计算厚度（mm）	95	100	105	110	115	120	—
传热系数 K	0.554	0.533	0.513	0.494	0.477	0.461	—
热惰性指标 D	4.207	4.273	4.338	4.403	4.469	4.534	—
倒置式屋面设计厚度加权25%	119	125	131	138	144	150	—

省标居建 4.2.12 条的要求	体形系数≤0.4	D≤2.5	2.5<D≤3.0		D>3.0
		K≤0.6	K≤0.7		K≤0.8
	体形系数>0.4	D≤2.5	2.5<D≤3.0		D>3.0
		K≤0.5	K≤0.6		K≤0.7

居住建筑屋顶类型 3：平屋面 A3 _ 25mm 高密度聚氨酯泡沫塑料

表 2-6

各层材料 名称	厚度 (mm)	导热系数 [W/ (m·K)]	修正 系数	修正后 导热系 数 [W/ (m·K)]	蓄热系数 [W/ (m²·K)]	修正后蓄 热系数 [W/ (m²·K)]	热阻值 [(m²·K) /W]	热惰性 指标
细石混凝土	40	1.740	1.0	1.740	17.200	17.200	0.023	0.395
隔离层	0	—	—	—	—	—		
高密度聚氨 酯泡沫塑料	25	0.024	1.2	0.029	0.360	0.432	0.868	0.375
防水层	0	—	—	—	—	—		

续表

各层材料名称	厚度(mm)	导热系数[W/(m·K)]	修正系数	修正后导热系数[W/(m·K)]	蓄热系数[W/(m²·K)]	修正后蓄热系数[W/(m²·K)]	热阻值[(m²·K)/W]	热惰性指标
水泥砂浆	20	0.930	1.0	0.930	11.370	11.370	0.022	0.245
轻骨料混凝土	80	0.36	1.5	0.540	5.13	7.695	0.148	1.140
钢筋混凝土屋面板	120	1.740	1.0	1.740	17.200	17.200	0.069	1.186
合计	285	—	—	—	—	—	1.130	3.341
屋顶传热阻[(m²·K)/W]	$R_0=Ri+\sum R+Re=1.280$					注：R_i 取 0.11，R_e 取 0.04		
屋顶传热系数[W/(m²·K)]	$K=1/R_0=0.781$							
热惰性指标	$D=3.341$							

高密度聚氨酯泡沫塑料厚度变化时，屋面热工参数

计算厚度(mm)	25	30	35	40	45	50	55	—
传热系数 K	0.781	0.688	0.615	0.555	0.507	0.466	0.431	
热惰性指标 D	3.341	3.416	3.491	3.566	3.641	3.716	3.791	
倒置式屋面设计厚度加权25%	32	38	44	50	57	63	69	
省标居建4.2.12条的要求	体形系数≤0.4	$D\leqslant2.5$		2.5<D≤3.0		$D>3.0$		
		$K\leqslant0.6$		$K\leqslant0.7$		$K\leqslant0.8$		
	体形系数>0.4	$D\leqslant2.5$		2.5<D≤3.0		$D>3.0$		
		$K\leqslant0.5$		$K\leqslant0.6$		$K\leqslant0.7$		

居住建筑屋顶类型4：坡屋面 B1 _ 55mm挤塑聚苯板　表2-7

各层材料名称	厚度(mm)	导热系数[W/(m·K)]	修正系数	修正后导热系数[W/(m·K)]	蓄热系数[W/(m²·K)]	修正后蓄热系数[W/(m²·K)]	热阻值[(m²·K)/W]	热惰性指标
屋面挂瓦	0	—	—	—	—	—	—	—
挂瓦条	0	—	—	—	—	—	—	—
顺水条	0	—	—	—	—	—	—	—
防水层	0	—	—	—	—	—	—	—
C20细石混凝土找平层	35	1.510	1	1.510	15.36	15.360	0.023	0.356

各层材料名称	厚度(mm)	导热系数[W/(m·K)]	修正系数	修正后导热系数[W/(m·K)]	蓄热系数[W/(m²·K)]	修正后蓄热系数[W/(m²·K)]	热阻值[(m²·K)/W]	热惰性指标
挤塑聚苯板	55	0.030	1.2	0.036	0.320	0.384	1.528	0.587
钢筋混凝土屋面板	120	1.740	1.0	1.740	17.20	17.200	0.069	1.186
合计	210	—	—	—	—	—	1.620	2.129

屋顶传热阻[(m²·K)/W]	$R_0 = R_i + \sum R + R_e = 1.770$ 　　　　注：R_i 取 0.11，R_e 取 0.04

屋顶传热系数[W/(m²·K)]	$K = 1/R_0 = 0.565$

热惰性指标	$D = 2.129$

挤塑聚苯板厚度变化时，屋面热工参数

计算厚度（mm）	60	65	70	75	80	85	90
传热系数 K	0.524	0.488	0.457	0.430	0.406	0.384	0.365
热惰性指标 D	2.182	2.236	2.289	2.342	2.396	2.449	2.502

省标居建 4.2.12 条的要求	体形系数≤0.4	$D≤2.5$	$2.5<D≤3.0$	$D>3.0$
		$K≤0.6$	$K≤0.7$	$K≤0.8$
	体形系数>0.4	$D≤2.5$	$2.5<D≤3.0$	$D>3.0$
		$K≤0.5$	$K≤0.6$	$K≤0.7$

居住建筑屋顶类型 5：坡屋面 B2 _ 80mm 模塑聚苯板　表 2-8

各层材料名称	厚度(mm)	导热系数[W/(m·K)]	修正系数	修正后导热系数[W/(m·K)]	蓄热系数[W/(m²·K)]	修正后蓄热系数[W/(m²·K)]	热阻值[(m²·K)/W]	热惰性指标
屋面挂瓦	0	—	—	—	—	—	—	—
挂瓦条	0	—	—	—	—	—	—	—
顺水条	0	—	—	—	—	—	—	—
防水层	0	—	—	—	—	—	—	—
C20 细石混凝土找平层	35	1.510	1	1.510	15.360	15.360	0.023	0.356

续表

各层材料名称	厚度 (mm)	导热系数 [W/(m·K)]	修正系数	修正后导热系数 [W/(m·K)]	蓄热系数 [W/(m²·K)]	修正后蓄热系数 [W/(m²·K)]	热阻值 [(m²·K)/W]	热惰性指标
模塑聚苯板	80	0.041	1.3	0.053	0.360	0.468	1.501	0.702
钢筋混凝土屋面板	120	1.740	1.0	1.740	17.200	17.200	0.069	1.186
合计	235	—	—	—	—	—	1.593	2.245
屋顶传热阻 [(m²·K)/W]	$R_0 = R_i + \sum R + R_e = 1.743$				注：R_i 取 0.11，R_e 取 0.04			
屋顶传热系数 [W/(m²·K)]	$K = 1/R_0 = 0.574$							
热惰性指标	$D = 2.245$							

模塑聚苯板厚度变化时，屋面热工参数

计算厚度（mm）	85	90	95	100	105	110	115
传热系数 K	0.554	0.518	0.494	0.472	0.452	0.434	0.417
热惰性指标 D	2.289	2.332	2.376	2.420	2.464	2.508	2.552
省标居建 4.2.12 条的要求	体形系数≤0.4	$D≤2.5$		$2.5<D≤3.0$		$D>3.0$	
		$K≤0.6$		$K≤0.7$		$K≤0.8$	
	体形系数>0.4	$D≤2.5$		$2.5<D≤3.0$		$D>3.0$	
		$K≤0.5$		$K≤0.6$		$K≤0.7$	

居住建筑屋顶类型 6：坡屋面 B3 _ 45mm 高密度聚氨酯泡沫塑料

表 2-9

各层材料名称	厚度 (mm)	导热系数 [W/(m·K)]	修正系数	修正后导热系数 [W/(m·K)]	蓄热系数 [W/(m²·K)]	修正后蓄热系数 [W/(m²·K)]	热阻值 [(m²·K)/W]	热惰性指标
屋面挂瓦	0	—	—	—	—	—	—	—
挂瓦条	0	—	—	—	—	—	—	—
顺水条	0	—	—	—	—	—	—	—
防水层	0	—	—	—	—	—	—	—

续表

各层材料名称	厚度(mm)	导热系数[W/(m·K)]	修正系数	修正后导热系数[W/(m·K)]	蓄热系数[W/(m²·K)]	修正后蓄热系数[W/(m²·K)]	热阻值[(m²·K)/W]	热惰性指标
C20 细石混凝土找平层	35	1.510	1	1.510	15.360	15.360	0.023	0.356
高密度聚氨酯泡沫塑料	45	0.024	1.2	0.029	0.360	0.432	1.563	0.675
钢筋混凝土屋面板	120	1.740	1.0	1.740	17.200	17.200	0.069	1.186
合计	200	—	—	—	—	—	1.655	2.217

屋顶传热阻[(m²·K)/W]	$R_0=R_i+\sum R+R_e=1.805$	注：R_i 取 0.11，R_e 取 0.04
屋顶传热系数[W/(m²·K)]	$K=1/R_0=0.554$	
热惰性指标	$D=2.217$	

高密度聚氨酯泡沫塑料厚度变化时，屋面热工参数

计算厚度（mm）	50	55	60	65	70
传热系数 K	0.505	0.465	0.430	0.400	0.374
热惰性指标 D	2.292	2.367	2.442	2.517	2.592

省标居建 4.2.12 条的要求	体形系数≤0.4	$D\leq2.5$	$2.5<D\leq3.0$	$D>3.0$
		$K\leq0.6$	$K\leq0.7$	$K\leq0.8$
	体形系数>0.4	$D\leq2.5$	$2.5<D\leq3.0$	$D>3.0$
		$K\leq0.5$	$K\leq0.6$	$K\leq0.7$

居住建筑屋顶类型 7：坡屋面 B4 _ 85mm 泡沫玻璃板 表 2-10

各层材料名称	厚度(mm)	导热系数[W/(m·K)]	修正系数	修正后导热系数[W/(m·K)]	蓄热系数[W/(m²·K)]	修正后蓄热系数[W/(m²·K)]	热阻值[(m²·K)/W]	热惰性指标
屋面挂瓦	0	—	—	—	—	—	—	—
挂瓦条	0	—	—	—	—	—	—	—

续表

各层材料名称	厚度(mm)	导热系数[W/(m·K)]	修正系数	修正后导热系数[W/(m·K)]	蓄热系数[W/(m²·K)]	修正后蓄热系数[W/(m²·K)]	热阻值[(m²·K)/W]	热惰性指标
顺水条	0	—	—	—	—	—	—	—
防水层	0	—	—	—	—	—	—	—
C20细石混凝土找平层	35	1.510	1	1.510	15.36	15.36	0.023	0.356
泡沫玻璃板	85	0.062	1.1	0.068	0.81	0.891	1.246	1.110
钢筋混凝土屋面板	120	1.740	1.0	1.740	17.20	17.20	0.069	1.186
合计	240	—	—	—	—	—	1.338	2.653

屋顶传热阻[(m²·K)/W]	$R_0 = R_i + \sum R + R_e = 1.488$	注：R_i 取 0.11，R_e 取 0.04

屋顶传热系数[W/(m²·K)]	$K = 1/R_0 = 0.672$

热惰性指标	$D = 2.653$

泡沫玻璃板厚度变化时，屋面热工参数

计算厚度（mm）	90	95	100	105	110	115	120
传热系数 K	0.640	0.612	0.585	0.561	0.539	0.519	0.500
热惰性指标 D	2.718	2.783	2.849	2.914	2.979	3.045	3.110

省标居建4.2.12条的要求	体形系数≤0.4	$D \leqslant 2.5$	$2.5 < D < 3.0$	$D > 3.0$
		$K \leqslant 0.6$	$K \leqslant 0.7$	$K \leqslant 0.8$
	体形系数>0.4	$D \leqslant 2.5$	$2.5 < D < 3.0$	$D > 3.0$
		$K \leqslant 0.5$	$K \leqslant 0.6$	$K \leqslant 0.7$

居住建筑屋顶类型 8：坡屋面 B5 _ 55mm 挤塑聚苯板 表 2-11

各层材料名称	厚度(mm)	导热系数[W/(m·K)]	修正系数	修正后导热系数[W/(m·K)]	蓄热系数[W/(m²·K)]	修正后蓄热系数[W/(m²·K)]	热阻值[(m²·K)/W]	热惰性指标
屋面砂浆卧瓦	0	—	—	—	—	—	—	—
水泥砂浆卧瓦层（内配Φ6@500×500钢丝网）	20	0.930	1.0	0.930	11.37	11.37	0.022	0.245
防水层	0	—	—	—	—	—	—	—
C20细石混凝土找平层	35	1.510	1	1.510	15.36	15.360	0.023	0.356
挤塑聚苯板	55	0.030	1.2	0.036	0.320	0.384	1.528	0.587
钢筋混凝土屋面板	120	1.740	1.0	1.740	17.20	17.20	0.069	1.186
合计	230	—	—	—	—	—	1.641	2.373
屋顶传热阻[(m²·K)/W]	$R_0 = R_i + \sum R + R_e = 1.791$				注：R_i 取 0.11，R_e 取 0.04			
屋顶传热系数[W/(m²·K)]	$K = 1/R_0 = 0.558$							
热惰性指标	$D = 2.373$							

挤塑聚苯板厚度变化时，屋面热工参数

计算厚度（mm）	60	65	70	75	80	85	90
传热系数 K	0.518	0.483	0.453	0.426	0.402	0.381	0.362
热惰性指标 D	2.427	2.480	2.533	2.587	2.640	2.693	2.747
省标居建 4.2.12 条的要求	体形系数≤0.4	$D≤2.5$	$2.5<D≤3.0$	$D>3.0$			
		$K≤0.6$	$K≤0.7$	$K≤0.8$			
	体形系数>0.4	$D≤2.5$	$2.5<D≤3.0$	$D>3.0$			
		$K≤0.5$	$K≤0.6$	$K≤0.7$			

居住建筑屋顶类型 9：坡屋面 B6 _ 75mm 模塑聚苯板 表 2-12

各层材料名称	厚度 (mm)	导热系数 [W/(m·K)]	修正系数	修正后导热系数 [W/(m·K)]	蓄热系数 [W/(m²·K)]	修正后蓄热系数 [W/(m²·K)]	热阻值 [(m²·K)/W]	热惰性指标
屋面砂浆卧瓦	0	—	—	—	—	—	—	—
水泥砂浆卧瓦层（内配 Φ6@500×500 钢丝网）	20	0.930	1.0	0.930	11.37	11.37	0.022	0.245
防水层	0	—	—	—	—	—	—	—
C20 细石混凝土找平层	35	1.510	1	1.510	15.36	15.360	0.023	0.356
模塑聚苯板	75	0.041	1.30	0.053	0.360	0.468	1.407	0.659
钢筋混凝土屋面板	120	1.740	1.0	1.740	17.20	17.20	0.069	1.186
合计	250						1.521	2.445
屋顶传热阻 [(m²·K)/W]	$R_0 = R_i + \sum R + R_e = 1.671$				注：R_i 取 0.11，R_e 取 0.04			
屋顶传热系数 [W/(m²·K)]	$K = 1/R_0 = 0.599$							
热惰性指标	$D = 2.445$							

模塑聚苯板厚度变化时，屋面热工参数

计算厚度（mm）	80	85	90	95	100	105	110
传热系数 K	0.567	0.538	0.512	0.489	0.467	0.448	0.430
热惰性指标 D	2.489	2.533	2.577	2.621	2.665	2.709	2.753
省标居建 4.2.12 条的要求	体形系数≤0.4	$D≤2.5$		$2.5<D≤3.0$		$D>3.0$	
		$K≤0.6$		$K≤0.7$		$K≤0.8$	
	体形系数>0.4	$D≤2.5$		$2.5<D≤3.0$		$D>3.0$	
		$K≤0.5$		$K≤0.6$		$K≤0.7$	

居住建筑屋顶类型 10：坡屋面 B7 _ 45mm 高密度聚氨酯泡沫塑料

表 2-13

各层材料名称	厚度 (mm)	导热系数 [W/(m·K)]	修正系数	修正后导热系数 [W/(m·K)]	蓄热系数 [W/(m²·K)]	修正后蓄热系数 [W/(m²·K)]	热阻值 [(m²·K)/W]	热惰性指标
屋面砂浆卧瓦	0	—	—	—	—	—	—	—
水泥砂浆卧瓦层（内配Φ6@500×500 钢丝网）	20	0.930	1.0	0.930	11.370	11.370	0.022	0.245
防水层	0	—	—	—	—	—	—	—
C20 细石混凝土找平层	35	1.510	1	1.510	15.360	15.360	0.023	0.356
高密度聚氨酯泡沫塑料	45	0.024	1.2	0.029	0.360	0.432	1.563	0.675
钢筋混凝土屋面板	120	1.740	1.0	1.740	17.200	17.200	0.069	1.186
合计	220	—	—	—	—	—	1.676	2.462
屋顶传热阻 [(m²·K)/W]	$R_0 = R_i + \sum R + R_e = 1.826$				注：R_i 取 0.11，R_e 取 0.04			
屋顶传热系数 [W/(m²·K)]	$K = 1/R_0 = 0.548$							
热惰性指标	$D = 2.462$							

高密度聚氨酯泡沫塑料厚度变化时，屋面热工参数

计算厚度（mm）	50	55	60	65	70
传热系数 K	0.500	0.460	0.426	0.397	0.371
热惰性指标 D	2.537	2.612	2.687	2.762	2.837
省标居建 4.2.12 条的要求	体形系数≤0.4	$D≤2.5$	$2.5<D≤3.0$	$D>3.0$	
		$K≤0.6$	$K≤0.7$	$K≤0.8$	
	体形系数>0.4	$D≤2.5$	$2.5<D≤3.0$	$D>3.0$	
		$K≤0.5$	$K≤0.6$	$K≤0.7$	

居住建筑屋顶类型 11：坡屋面 B8 _ 80mm 泡沫玻璃板　表 2-14

各层材料名称	厚度(mm)	导热系数 [W/(m·K)]	修正系数	修正后导热系数 [W/(m·K)]	蓄热系数 [W/(m²·K)]	修正后蓄热系数 [W/(m²·K)]	热阻值 [(m²·K)/W]	热惰性指标
屋面砂浆卧瓦	0	—	—	—	—	—	—	—
水泥砂浆卧瓦层（内配Φ6@500×500钢丝网）	20	0.930	1.0	0.930	11.37	11.37	0.022	0.245
防水层	0	—	—	—	—	—	—	—
C20 细石混凝土找平层	35	1.510	1	1.510	15.36	15.36	0.023	0.356
泡沫玻璃板	80	0.062	1.1	0.068	0.81	0.891	1.173	1.045
钢筋混凝土屋面板	120	1.740	1.0	1.740	17.20	17.20	0.069	1.186
合计	255	—	—	—	—	—	1.287	2.832

屋顶传热阻 [(m²·K)/W]：$R_0 = R_i + \sum R + R_e = 1.437$　　注：R_i 取 0.11，R_e 取 0.04

屋顶传热系数 [W/(m²·K)]：$K = 1/R_0 = 0.696$

热惰性指标：$D = 2.832$

泡沫玻璃板厚度变化时，屋面热工参数

计算厚度（mm）	85	90	95	100	105	110	115
传热系数 K	0.662	0.632	0.604	0.578	0.555	0.533	0.513
热惰性指标 D	2.897	2.963	3.028	3.093	3.159	3.224	3.289

省标居建 4.2.12 条的要求	体形系数≤0.4	D≤2.5	2.5<D≤3.0	D>3.0
		K≤0.6	K≤0.7	K≤0.8
	体形系数>0.4	D≤2.5	2.5<D≤3.0	D>3.0
		K≤0.5	K≤0.6	K≤0.7

2.4 公共建筑常用做法

公共建筑屋顶类型1：平屋面 A1 _ 37mm 挤塑聚苯板　　表 2-15

各层材料名称	厚度 (mm)	导热系数 [W/(m·K)]	修正系数	修正后导热系数 [W/(m·K)]	蓄热系数 [W/(m²·K)]	修正后蓄热系数 [W/(m²·K)]	热阻值 [(m²·K)/W]	热惰性指标
细石混凝土	40	1.740	1.0	1.740	17.200	17.200	0.023	0.395
隔离层	0	—	—	—	—	—	—	—
挤塑聚苯板	37	0.030	1.2	0.036	0.320	0.384	1.028	0.395
防水层	0	—	—	—	—	—	—	—
水泥砂浆	20	0.930	1.0	0.930	11.370	11.370	0.022	0.245
轻骨料混凝土	80	0.36	1.5	0.540	5.13	7.695	0.148	1.140
钢筋混凝土屋面板	120	1.740	1.0	1.740	17.200	17.200	0.069	1.186
合计	297	—	—	—	—	—	1.289	3.361
屋顶传热阻 [(m²·K)/W]	$R_0=R_i+\sum R+R_e=1.439$				注：R_i 取 0.11，R_e 取 0.04			
屋顶传热系数 [W/(m²·K)]	$K=1/R_0=0.695$							
热惰性指标	$D=3.361$							

挤塑聚苯板厚度变化时，屋面热工参数

厚度（mm）	37	40	45	50	55	60	65
传热系数 K	0.695	0.657	0.602	0.555	0.516	0.481	0.451
热惰性指标 D	3.361	3.393	3.446	3.499	3.553	3.606	3.659
倒置式屋面设计厚度加权 25%	47	50	57	63	69	75	82
国标公建的 3.3.1 条文的要求	甲类公建 D≤2.5，K≤0.4						
	甲类公建 D>2.5，K≤0.5						
国标公建的 3.3.2 条文的要求	乙类公建 K≤0.7						

公共建筑屋顶类型 2：平屋面 A2 _ 70mm 泡沫玻璃板　　表 2-16

各层材料名称	厚度(mm)	导热系数[W/(m·K)]	修正系数	修正后导热系数[W/(m·K)]	蓄热系数[W/(m²·K)]	修正后蓄热系数[W/(m²·K)]	热阻值[(m²·K)/W]	热惰性指标
细石混凝土	40	1.740	1.0	1.740	17.200	17.200	0.023	0.395
隔离层	0	—	—	—	—	—	—	—
泡沫玻璃	70	0.062	1.1	0.068	0.81	0.891	1.026	0.915
防水层	0	—	—	—	—	—	—	—
水泥砂浆	20	0.930	1.0	0.930	11.370	11.370	0.022	0.245
轻骨料混凝土	80	0.36	1.5	0.540	5.13	7.695	0.148	1.140
钢筋混凝土屋面板	120	1.740	1.0	1.740	17.200	17.200	0.069	1.186
合计	330	—	—	—	—	—	1.288	3.881
屋顶传热阻[(m²·K)/W]	$R_0 = R_i + \sum R + R_e = 1.438$				注：R_i 取 0.11，R_e 取 0.04			
屋顶传热系数[W/(m²·K)]	$K = 1/R_0 = 0.695$							
热惰性指标	$D = 3.881$							

泡沫玻璃板厚度变化时，屋面热工参数

计算厚度（mm）	70	110	115	120	125	130	135	140
传热系数 K	0.695	0.494	0.477	0.461	0.446	0.431	0.418	0.406
热惰性指标 D	3.881	4.403	4.469	4.534	4.599	4.665	4.730	4.795
倒置式屋面设计厚度加权 25%	88	138	144	150	157	163	169	175
国标公建的 3.3.1 条文的要求	甲类公建 D≤2.5，K≤0.4							
	甲类公建 D>2.5，K≤0.5							
国标公建的 3.3.2 条文的要求	乙类公建 K≤0.7							

公共建筑屋顶类型 3：平屋面 A3 _ 30mm 高密度聚氨酯泡沫塑料

表 2-17

各层材料名称	厚度 (mm)	导热系数 [W/(m·K)]	修正系数	修正后导热系数 [W/(m·K)]	蓄热系数 [W/(m²·K)]	修正后蓄热系数 [W/(m²·K)]	热阻值 [(m²·K)/W]	热惰性指标
细石混凝土	40	1.740	1.0	1.740	17.20	17.20	0.023	0.395
隔离层	0	—	—	—	—	—	—	—
高密度聚氨酯泡沫塑料	30	0.024	1.2	0.029	0.360	0.432	1.042	0.450
防水层	0	—	—	—	—	—	—	—
水泥砂浆	20	0.930	1.0	0.930	11.370	11.370	0.022	0.245
轻骨料混凝土	80	0.36	1.5	0.540	5.13	7.695	0.148	1.140
钢筋混凝土屋面板	120	1.740	1.0	1.740	17.20	17.20	0.069	1.186
合计	290	—	—	—	—	—	1.303	3.416
屋顶传热阻 [(m²·K)/W]	$R_0 = R_i + \sum R + R_e = 1.453$				注：R_i 取 0.11，R_e 取 0.04			
屋顶传热系数 [W/(m²·K)]	$K = 1/R_0 = 0.688$							
热惰性指标	$D = 3.416$							

高密度聚氨酯泡沫塑料厚度变化时，屋面热工参数

计算厚度（mm）	30	50	55	60	65
传热系数 K	0.688	0.466	0.431	0.401	0.375
热惰性指标 D	3.416	3.716	3.791	3.866	3.941
倒置式屋面设计厚度加权 25%	38	63	69	75	82
国标公建的 3.3.1 条文的要求	甲类公建 D≤2.5，K≤0.4				
	甲类公建 D>2.5，K≤0.5				
国标公建的 3.3.2 条文的要求	乙类公建 K≤0.7				

公共建筑屋顶类型 4：坡屋面 B1 _ 85mm 挤塑聚苯板 表 2-18

各层材料名称	厚度 (mm)	导热系数 [W/(m·K)]	修正系数	修正后导热系数 [W/(m·K)]	蓄热系数 [W/(m²·K)]	修正后蓄热系数 [W/(m²·K)]	热阻值 [(m²·K)/W]	热惰性指标
屋面挂瓦	0	—	—	—	—	—	—	—
挂瓦条	0	—	—	—	—	—	—	—
顺水条	0	—	—	—	—	—	—	—
防水层	0	—	—	—	—	—	—	—
C20 细石混凝土找平层	35	1.510	1	1.510	15.360	15.360	0.023	0.356
挤塑聚苯板	85	0.03	1.2	0.036	0.320	0.384	2.361	0.907
钢筋混凝土屋面板	120	1.740	1.0	1.740	17.200	17.200	0.069	1.186
合计	240						2.453	2.449
屋顶传热阻 [(m²·K)/W]	$R_0 = R_i + \sum R + R_e = 2.603$				注：R_i 取 0.11，R_e 取 0.04			
屋顶传热系数 [W/(m²·K)]	$K = 1/R_0 = 0.384$							
热惰性指标	$D = 2.449$							

挤塑聚苯板厚度变化时，屋面热工参数						
计算厚度 (mm)	45	90	95	100	105	110
传热系数 K	0.670	0.365	0.347	0.331	0.317	0.303
热惰性指标 D	2.022	2.502	2.556	2.609	2.662	2.716
国标公建的 3.3.1 条文的要求	甲类公建 D≤2.5，K≤0.4					
	甲类公建 D>2.5，K≤0.5					
国标公建的 3.3.2 条文的要求	乙类公建 K≤0.7					

公共建筑屋顶类型 5：坡屋面 B2 _ 110mm 模塑聚苯板 表 2-19

各层材料名称	厚度 (mm)	导热系数 [W/(m·K)]	修正系数	修正后导热系数 [W/(m²·K)]	蓄热系数 [W/(m²·K)]	修正后蓄热系数 [W/(m²·K)]	热阻值 [(m²·K)/W]	热惰性指标
屋面挂瓦	0	—	—	—	—	—	—	—

续表

各层材料名称	厚度(mm)	导热系数[W/(m·K)]	修正系数	修正后导热系数[W/(m·K)]	蓄热系数[W/(m²·K)]	修正后蓄热系数[W/(m²·K)]	热阻值[(m²·K)/W]	热惰性指标
挂瓦条	0	—	—	—	—	—	—	—
顺水条	0	—	—	—	—	—	—	—
防水层	0	—	—	—	—	—	—	—
C20细石混凝土找平层	35	1.510	1	1.510	15.360	15.360	0.023	0.356
模塑聚苯板	110	0.041	1.3	0.053	0.360	0.468	2.064	0.966
钢筋混凝土屋面板	120	1.740	1.0	1.740	17.200	17.200	0.069	1.186
合计	240	—	—	—	—	—	2.156	2.508
屋顶传热阻[(m²·K)/W]	$R_0=R_i+\sum R+R_e=2.306$				注：R_i 取 0.11，R_e 取 0.04			
屋顶传热系数[W/(m²·K)]	$K=1/R_0=0.434$							
热惰性指标	$D=2.508$							

模塑聚苯板厚度变化时，屋面热工参数				
计算厚度（mm）	65	115	120	125
传热系数 K	0.684	0.417	0.401	0.386
热惰性指标 D	2.113	2.552	2.596	2.640
国标公建的 3.3.1 条文的要求	甲类公建 $D\leqslant2.5$，$K\leqslant0.4$			
	甲类公建 $D>2.5$，$K\leqslant0.5$			
国标公建的 3.3.2 条文的要求	乙类公建 $K\leqslant0.7$			

公共建筑屋顶类型6：坡屋面 B3 _ 65mm 高密度聚氨酯泡沫塑料
表 2-20

各层材料名称	厚度(mm)	导热系数[W/(m·K)]	修正系数	修正后导热系数[W/(m·K)]	蓄热系数[W/(m²·K)]	修正后蓄热系数[W/(m²·K)]	热阻值[(m²·K)/W]	热惰性指标
屋面挂瓦	0	—	—	—	—	—	—	—
挂瓦条	0	—	—	—	—	—	—	—

续表

各层材料名称	厚度(mm)	导热系数[W/(m·K)]	修正系数	修正后导热系数[W/(m·K)]	蓄热系数[W/(m²·K)]	修正后蓄热系数[W/(m²·K)]	热阻值[(m²·K)/W]	热惰性指标
顺水条	0	—	—	—	—	—	—	—
防水层	0	—	—	—	—	—	—	—
C20细石混凝土找平层	35	1.510	1	1.510	15.360	15.360	0.023	0.356
高密度聚氨酯泡沫塑料	65	0.024	1.2	0.029	0.360	0.432	2.257	0.975
钢筋混凝土屋面板	120	1.740	1.0	1.740	17.200	17.200	0.069	1.186
合计	220	—	—	—	—	—	2.349	2.517
屋顶传热阻[(m²·K)/W]	$R_0 = R_i + \sum R + R_e = 2.499$				注：R_i 取 0.11，R_e 取 0.04			
屋顶传热系数[W/(m²·K)]	$K = 1/R_0 = 0.400$							
热惰性指标	$D = 2.517$							

高密度聚氨酯泡沫塑料厚度变化时，屋面热工参数					
计算厚度（mm）	35	70	75	80	85
传热系数 K	0.686	0.374	0.351	0.331	0.313
热惰性指标 D	2.067	2.592	2.667	2.742	2.817
国标公建的 3.3.1 条文的要求	甲类公建 $D \leqslant 2.5$，$K \leqslant 0.4$				
	甲类公建 $D > 2.5$，$K \leqslant 0.5$				
国标公建的 3.3.2 条文的要求	乙类公建 $K \leqslant 0.7$				

公共建筑屋顶类型 7：坡屋面 B4 _ 120mm 泡沫玻璃板　　　　表 2-21

各层材料名称	厚度(mm)	导热系数[W/(m·K)]	修正系数	修正后导热系数[W/(m·K)]	蓄热系数[W/(m²·K)]	修正后蓄热系数[W/(m²·K)]	热阻值[(m²·K)/W]	热惰性指标
屋面挂瓦	0	—	—	—	—	—	—	—
挂瓦条	0	—	—	—	—	—	—	—
顺水条	0	—	—	—	—	—	—	—

各层材料名称	厚度 (mm)	导热系数 [W/(m·K)]	修正系数	修正后导热系数 [W/(m·K)]	蓄热系数 [W/(m²·K)]	修正后蓄热系数 [W/(m²·K)]	热阻值 [(m²·K)/W]	热惰性指标
防水层	0	—	—	—	—	—	—	—
C20 细石混凝土找平层	35	1.510	1	1.510	15.360	15.360	0.023	0.356
泡沫玻璃板	120	0.062	1.1	0.068	0.810	0.891	1.760	1.568
钢筋混凝土屋面板	120	1.740	1.0	1.740	17.200	17.200	0.069	1.186
合计	275	—	—	—	—	—	1.852	3.110

屋顶传热阻 [(m²·K)/W]	$R_0 = R_i + \sum R + R_e = 2.002$	注：R_i 取 0.11，R_e 取 0.04
屋顶传热系数 [W/(m²·K)]	$K = 1/R_0 = 0.500$	
热惰性指标	$D = 3.110$	

泡沫玻璃板厚度变化时，屋面热工参数				
计算厚度（mm）	85	125	130	135
传热系数 K	0.672	0.482	0.465	0.450
热惰性指标 D	2.653	3.175	3.241	3.306
国标公建的 3.3.1 条文的要求	甲类公建 $D \leqslant 2.5$，$K \leqslant 0.4$			
	甲类公建 $D > 2.5$，$K \leqslant 0.5$			
国标公建的 3.3.2 条文的要求	乙类公建 $K \leqslant 0.7$			

公共建筑屋顶类型 8：坡屋面 B5 _ 70mm 挤塑聚苯板　　表 2-22

各层材料名称	厚度 (mm)	导热系数 [W/(m·K)]	修正系数	修正后导热系数 [W/(m·K)]	蓄热系数 [W/(m²·K)]	修正后蓄热系数 [W/(m²·K)]	热阻值 [(m²·K)/W]	热惰性指标
屋面砂浆卧瓦	0	—	—	—	—	—	—	—
水泥砂浆卧瓦层（内配 Φ6@500×500 钢丝网）	20	0.930	1.0	0.930	11.370	11.370	0.022	0.245

续表

各层材料名称	厚度(mm)	导热系数[W/(m·K)]	修正系数	修正后导热系数[W/(m·K)]	蓄热系数[W/(m²·K)]	修正后蓄热系数[W/(m²·K)]	热阻值[(m²·K)/W]	热惰性指标
防水层	0	—	—	—	—	—	—	—
C20 细石混凝土找平层	35	1.510	1	1.510	15.360	15.360	0.023	0.356
挤塑聚苯板	70	0.03	1.2	0.036	0.32	0.384	1.944	0.747
钢筋混凝土屋面板	120	1.740	1.0	1.740	17.200	17.200	0.069	1.186
合计	245	—	—	—	—	—	2.058	2.533

屋顶传热阻[(m²·K)/W]	$R_0 = R_i + \sum R + R_e = 2.208$	注：R_i 取 0.11，R_e 取 0.04
屋顶传热系数[W/(m²·K)]	$K = 1/R_0 = 0.453$	
热惰性指标	$D = 2.533$	

挤塑聚苯板厚度变化时，屋面热工参数

计算厚度（mm）	45	75	80	85	90	95
传热系数 K	0.661	0.426	0.402	0.381	0.362	0.345
热惰性指标 D	2.267	2.587	2.640	2.693	2.747	2.800
国标公建的 3.3.1 条文的要求	甲类公建 $D \leqslant 2.5$，$K \leqslant 0.4$					
	甲类公建 $D > 2.5$，$K \leqslant 0.5$					
国标公建的 3.3.2 条文的要求	乙类公建 $K \leqslant 0.7$					

公共建筑屋顶类型 9：坡屋面 B6_95mm 模塑聚苯板　　　表 2-23

各层材料名称	厚度(mm)	导热系数[W/(m·K)]	修正系数	修正后导热系数[W/(m·K)]	蓄热系数[W/(m²·K)]	修正后蓄热系数[W/(m²·K)]	热阻值[(m²·K)/W]	热惰性指标
屋面砂浆卧瓦	0	—	—	—	—	—	—	—
水泥砂浆卧瓦层（内配 $\Phi 6@500 \times 500$ 钢丝网）	20	0.930	1.0	0.930	11.370	11.370	0.022	0.245

各层材料名称	厚度(mm)	导热系数[W/(m·K)]	修正系数	修正后导热系数[W/(m·K)]	蓄热系数[W/(m²·K)]	修正后蓄热系数[W/(m²·K)]	热阻值[(m²·K)/W]	热惰性指标
防水层	0	—	—	—	—	—	—	—
C20 细石混凝土找平层	35	1.510	1	1.510	15.360	15.360	0.023	0.356
模塑聚苯板	95	0.041	1.3	0.053	0.360	0.468	1.782	0.834
钢筋混凝土屋面板	120	1.740	1.0	1.740	17.200	17.200	0.069	1.186
合计	270	—	—	—	—	—	1.896	2.621
屋顶传热阻[(m²·K)/W]	$R_0=R_i+\sum R+R_e=2.046$				注：R_i 取 0.11，R_e 取 0.04			
屋顶传热系数[W/(m²·K)]	$K=1/R_0=0.489$							
热惰性指标	$D=2.621$							

模塑聚苯板厚度变化时，屋面热工参数				
计算厚度（mm）	65	100	105	110
传热系数 K	0.674	0.467	0.448	0.430
热惰性指标 D	2.357	2.665	2.709	2.753
国标公建的 3.3.1 条文的要求	甲类公建 $D \leqslant 2.5$，$K \leqslant 0.4$			
	甲类公建 $D > 2.5$，$K \leqslant 0.5$			
国标公建的 3.3.2 条文的要求	乙类公建 $K \leqslant 0.7$			

公共建筑屋顶类型 10：坡屋面 B7 _ 50mm 高密度聚氨酯泡沫塑料

表 2-24

各层材料名称	厚度(mm)	导热系数[W/(m·K)]	修正系数	修正后导热系数[W/(m·K)]	蓄热系数[W/(m²·K)]	修正后蓄热系数[W/(m²·K)]	热阻值[(m²·K)/W]	热惰性指标
屋面砂浆卧瓦	0	—	—	—	—	—	—	—
水泥砂浆卧瓦层（内配 $\varPhi$6@500×500 钢丝网）	20	0.930	1.0	0.930	11.370	11.370	0.022	0.245

各层材料名称	厚度(mm)	导热系数[W/(m·K)]	修正系数	修正后导热系数[W/(m·K)]	蓄热系数[W/(m²·K)]	修正后蓄热系数[W/(m²·K)]	热阻值[(m²·K)/W]	热惰性指标
防水层	0	—	—	—	—	—	—	—
C20细石混凝土找平层	35	1.510	1	1.510	15.360	15.360	0.023	0.356
高密度聚氨酯泡沫塑料	50	0.024	1.2	0.029	0.360	0.432	1.736	0.750
钢筋混凝土屋面板	120	1.740	1.0	1.740	17.200	17.200	0.069	1.186
合计	225	—	—	—	—	—	1.850	2.537
屋顶传热阻[(m²·K)/W]	$R_0 = R_i + \sum R + R_e = 2.000$				注：R_i 取 0.11，R_e 取 0.04			
屋顶传热系数[W/(m²·K)]	$K = 1/R_0 = 0.500$							
热惰性指标	$D = 2.537$							

高密度聚氨酯泡沫塑料厚度变化时，屋面热工参数					
计算厚度（mm）	35	55	60	65	70
传热系数 K	0.676	0.460	0.426	0.397	0.371
热惰性指标 D	2.312	2.612	2.687	2.762	2.837
国标公建的 3.3.1 条文的要求	甲类公建 $D \leqslant 2.5$，$K \leqslant 0.4$				
	甲类公建 $D > 2.5$，$K \leqslant 0.5$				
国标公建的 3.3.2 条文的要求	乙类公建 $K \leqslant 0.7$				

公共建筑屋顶类型 11：坡屋面 B8 _ 120mm 泡沫玻璃板

表 2-25

各层材料名称	厚度(mm)	导热系数[W/(m·K)]	修正系数	修正后导热系数[W/(m·K)]	蓄热系数[W/(m²·K)]	修正后蓄热系数[W/(m²·K)]	热阻值[(m²·K)/W]	热惰性指标
屋面砂浆卧瓦	0	—	—	—	—	—	—	—
水泥砂浆卧瓦层（内配Φ6@500×500钢丝网）	20	0.930	1.0	0.930	11.370	11.370	0.022	0.245

各层材料名称	厚度(mm)	导热系数[W/(m·K)]	修正系数	修正后导热系数[W/(m·K)]	蓄热系数[W/(m²·K)]	修正后蓄热系数[W/(m²·K)]	热阻值[(m²·K)/W]	热惰性指标
防水层	0	—	—	—	—	—	—	—
C20 细石混凝土找平层	35	1.510	1	1.510	15.360	15.360	0.023	0.356
泡沫玻璃板	120	0.062	1.1	0.068	0.810	0.891	1.760	1.568
钢筋混凝土屋面板	120	1.740	1.0	1.740	17.200	17.200	0.069	1.186
合计	295	—	—	—	—	—	1.873	3.355

屋顶传热阻[(m²·K)/W]	$R_0=R_i+\sum R+R_e=2.023$	注：R_i 取 0.11，R_e 取 0.04
屋顶传热系数[W/(m²·K)]	$K=1/R_0=0.494$	
热惰性指标	$D=3.355$	

泡沫玻璃板厚度变化时，屋面热工参数

计算厚度（mm）	80	125	130	135
传热系数 K	0.696	0.477	0.461	0.446
热惰性指标 D	2.832	3.420	3.485	3.550
国标公建的 3.3.1 条文的要求	甲类公建 $D\leqslant2.5$，$K\leqslant0.4$			
	甲类公建 $D>2.5$，$K\leqslant0.5$			
国标公建的 3.3.2 条文的要求	乙类公建 $K\leqslant0.7$			

2.5 常用材料变更比较

相同热工性能下，材料厚度换算（单位 mm）　　表 2-26

挤塑聚苯板	30	40	50	55	60
模塑聚苯板	45	60	74	82	89
泡沫玻璃	57	76	95	105	114
保温棉	48	64	80	88	96
高密度聚氨酯泡沫塑料	24	32	40	44	48

相同热工性能下，材料厚度换算（单位 mm）　　表 2-27

模塑聚苯板	45	50	55	60	65
挤塑聚苯板	31	34	38	41	44
泡沫玻璃	58	64	71	77	84
保温棉	49	54	59	65	70
高密度聚氨酯泡沫塑料	25	27	30	33	36

相同热工性能下，材料厚度换算（单位 mm）　　表 2-28

泡沫玻璃	60	65	70	75	80
模塑聚苯板	47	51	55	59	63
挤塑聚苯板	32	35	38	40	43
保温棉	51	55	59	63	68
高密度聚氨酯泡沫塑料	26	28	30	32	34

相同热工性能下，材料厚度换算（单位 mm）　　表 2-29

保温棉	70	75	80	85	90
模塑聚苯板	66	70	75	80	84
挤塑聚苯板	45	48	51	54	57
泡沫玻璃	84	90	96	102	108
高密度聚氨酯泡沫塑料	36	38	41	43	46

相同热工性能下，材料厚度换算（单位 mm）　　表 2-30

高密度聚氨酯泡沫塑料	25	30	40	50	55
挤塑聚苯板	32	38	50	63	69
模塑聚苯板	47	56	74	93	102
泡沫玻璃	60	71	95	119	131
保温棉	50	60	80	100	110

2.6　其他材料与做法

建筑节能其他计算参数　　表 2-31

材料名称	引用规范	导热系数	修正系数	相同厚度下，相当于XPS热工性能百分比
建筑用真空绝热保温板	中华人民共和国建筑工业行业标准《建筑用真空绝热板》JG/T 438—2014	0.008	1.40	321.4%
建筑用反射隔热涂料	参数比较情况详见附录 E，本处不作案例分析			

相同热工性能下，材料厚度换算（单位 mm）　　表 2-32

建筑用真空绝热保温板	10	15	20	25	30
挤塑聚苯板	33	49	65	81	97
模塑聚苯板	48	72	96	119	143
泡沫玻璃	61	92	122	153	183
保温棉	52	77	103	128	154
高密度聚氨酯泡沫塑料	26	39	52	65	78

2.7　屋顶节能设计防火要求

防火规范第 6.7.10 条文规定　　表 2-33

屋面板耐火极限	保温材料燃烧性能	不燃防护层	对应材料与做法
≥1.00h	不应低于 B2 级	不应小于 10mm	常见燃烧性能为 A 级的屋顶保温材料：泡沫混凝土、保温棉（矿棉、岩棉、玻璃棉板、毡）、泡沫玻璃、超薄绝热板。 常见燃烧性能为 B1 级的屋顶保温材料：阻燃型模塑聚苯板、阻燃型聚氨酯、阻燃型硬质酚醛泡沫板。 常见燃烧性能为 B2 级的屋顶保温材料：普通型模塑聚苯板、普通型聚氨酯、挤塑聚苯板。 常用屋顶水平防火隔离带材料：超薄绝热板、发泡水泥板、泡沫玻璃。 常见不燃材料覆盖层：细石混凝土
<1.00h	不应低于 B1 级		

特别注意：当建筑的屋面和外墙外保温系统均采用 B1、B2 级保温材料时，屋面与外墙之间应采用宽度不小于 500mm 的不燃材料设置防火隔离带进行分隔

注：保温棉品种较多，具体参数详见附录 A。

2.8　屋顶饰面板材质与隔热

表 2-34

	瓦片	金属板	岩板
1. 防水 2. 隔热 3. 隔声	不适用于大角度斜坡，具有一定的防水性能，与防水材料搭接时需注意细节处理。隔热性能一般，需额外增加隔热层。雨声干扰轻微	雨声扰民严重，防水性能依赖于施工质量。隔热、隔声性能极差，必须依赖其他材料，尤其隔声性能非常之差	防水很好，隔声问题不佳，防水性能较为依赖施工质量。隔热、隔声性能较差，必须添加其他材料辅助，但隔声性能优于金属板

2.9 注意措施

相关参考文件   表 2-35

构造	国家建筑标准设计图集	《平屋面建筑构造》12J201； 《屋面节能建筑构造》06J204； 《既有建筑节能改造（一）》06J908—7； 《公共建筑节能构造（夏热冬冷、夏热冬暖地区）》06J908—2
	浙江省建筑标准设计图集	《瓦屋面》2005浙J15； 《覆土植草屋面》99浙J32
标准	中华人民共和国国家标准	《屋面工程技术规范》GB 50345—2012； 《坡屋面工程技术规范》GB 50693—2011
	中华人民共和国行业标准	《倒置式屋面工程技术规程》JGJ 230—2010； 《采光顶与金属屋面技术规程》JGJ 255—2012； 《种植屋面工程技术规程》JGJ 155—2013
	浙江省工程建设标准	《屋面保温隔热工程技术规程》DB 33/T 1113—2015
改造	中华人民共和国行业标准《既有居住建筑节能改造技术规程》JGJ/T 129—2012	
	中华人民共和国行业标准《公共建筑节能改造技术规范》JGJ 176—2009	
建材	泡沫混凝土	可参考中华人民共和国建筑工业行业标准《泡沫混凝土》JG/T 266—2011 或中华人民共和国行业标准《泡沫混凝土应用技术规程》JGJ/T 341—2014 的构造做法与技术参数
	微孔硅酸钙板	浙江省建筑标准图集《微孔硅酸钙板屋面保温构造》2003浙J52
	挤塑聚苯乙烯泡沫塑料	中华人民共和国国家标准《绝热用挤塑聚苯乙烯泡沫塑料（XPS）》GB/T 10801.2—2002
	模塑聚苯板	（模塑聚苯乙烯泡沫塑料 EPS）中华人民共和国国家标准《绝热用模塑聚苯乙烯泡沫塑料》GB/T 10801.1—2002
	泡沫玻璃	中华人民共和国建材行业标准《泡沫玻璃绝热制品》JC/T 647—2014
	建筑用真空绝热保温板	中华人民共和国建筑工业行业标准《建筑用真空绝热板》JG/T 438—2014
新能源	光伏	国家建筑标准设计图集《建筑太阳能光伏系统设计与安装》10J908—5
	光热	国家建筑标准设计图集《平屋面改坡屋面建筑构造》03J203

特殊	1. 倒置式屋面保温层的设计厚度应按计算厚度增加 25% 取值，且最小厚度不得小于 25mm。 2. 根据《屋面保温隔热工程技术规程》DB 33/T 1113—2015，当采用倒置式屋面时，保温层不宜采用模塑聚苯板、酚醛泡沫板、泡沫混凝土板。 3. 坡屋面的保温层设为保温棉时，应加强防水处理，或改在室内屋面表面设置

第3章 外墙节能设计

3.1 标准指标

外墙节能设计相关要求 表3-1

	国标公建		省标居建		国标农居
	甲类	乙类	体形系数≤0.4	体形系数>0.4	
传热系数 K 要求 W/(m²·K)	$D≤2.5$, $K≤0.6$; $D>2.5$, $K≤0.8$	$K≤1.0$	$D≤2.5$, 北区 $K≤1.0$, 南区 $K≤1.2$; $2.5<D≤3.0$, 北区 $K≤1.2$, 南区 $K≤1.5$; $D>3.0$, 北区 $K≤1.5$, 南区 $K≤1.8$	$D≤2.5$, 北区 $K≤0.8$, 南区 $K≤1.0$; $2.5<D≤3.0$, 北区 $K≤1.0$, 南区 $K≤1.2$; $D>3.0$, 北区 $K≤1.2$, 南区 $K≤1.5$	$K≤1.8$, $D≥2.5$; $K≤1.5$, $D<2.5$
			体形系数≤0.4	体形系数>0.4	
综合判断限值	$K≤1.0$		$D≤3.0$, 北区 $K≤1.5$, 南区 $K≤1.8$; $D>3.0$, 北区 $K≤1.8$, 南区 $K≤2.0$	$D≤3.0$, 北区 $K≤1.2$, 南区 $K≤1.5$; $D>3.0$, 北区 $K≤1.5$, 南区 $K≤1.8$	无要求

3.2 常用材料及主要计算参数和热工比较

3.2.1 常用材料

常用外墙节能构造材料 表3-2

基层墙体	1. 钢筋混凝土墙; 2. (非黏土类)烧结多孔砖、烧结空心砖; 3. 陶粒混凝土复合砌块(夹芯EPS,1000级、900级、800级); 4. 蒸压砂加气混凝土砌块(B06级、B07级,热工参数与同级别蒸压粉煤灰加气混凝土砌块一致); 5. 陶粒增强加气砌块(B06级、B07级); 6. 在选择墙体材料的时候,要同时考虑附录F、附录G提及的限定要求

保温材料	1. 无机轻集料保温砂浆 C 型（无机轻集料保温砂浆参数在国标与省标中的差别，详见附录 H）； 2. 无机轻集料保温砂浆 B 型； 3. 胶粉聚苯颗粒（胶粉聚苯颗粒浆料、胶粉聚苯颗粒保温浆料）； 4. 模塑聚苯板（EPS、模塑聚乙烯泡沫塑料），其品种较多，具体详见附录 B； 5. 聚氨酯泡沫塑料，其品种较多，具体详见附录 D； 6. 保温棉（矿棉、岩棉、玻璃棉板、毡），其品种较多，具体参数详见附录 A

3.2.2 主要热工参数

常用外墙保温材料主要计算参数 表 3-3

材料名称	引用规范	导热系数	修正系数	相同厚度下，与无机保温砂浆 B 型热工性能比较
保温棉	浙江省工程建设标准《居住建筑节能设计标准》DB 33/1015—2015	0.044	1.3	185.75%
胶粉聚苯颗粒		0.060	1.2	147.57%
聚氨酯泡沫塑料		0.024	1.2	368.92%
挤塑聚苯板		0.030	1.1	321.97%
模塑聚苯板		0.041	1.2	215.96%
无机保温砂浆 C 型	浙江省工程建设标准《无机轻集料保温砂浆及系统技术规程》DB 33/T1054—2008	0.070	1.25	121.43%
无机保温砂浆 B 型		0.085	1.25	—
空气间层（100mm）	浙江省标准《公共建筑节能设计标准》DB 33/1036—2007	0.556	1.0	19.11%

常用外墙围护结构材料主要计算参数 表 3-4

材料名称	引用规范	导热系数	修正系数	相同厚度下，与非黏土多孔砖热工性能比较
非黏土多孔砖	浙江省工程建设标准《居住建筑节能设计标准》DB 33/1015—2015	0.58	1.0	—
钢筋混凝土墙		1.74	1.0	33.33%
砂加气混凝土砌块 B07 级		0.18	1.25	257.78%
砂加气混凝土砌块 B06 级		0.16	1.25	290.00%

续表

材料名称	引用规范	导热系数	修正系数	相同厚度下，与非黏土多孔砖热工性能比较
陶粒混凝土复合砌块（900 级）	浙江省工程建设标准《居住建筑节能设计标准》DB 33/1015—2015	0.17	1.1	310.16%
陶粒增强加气砌块 B07 级		0.18	1.20	268.52%

3.2.3 墙体热工计算

本节墙体热工计算的第 1、2 点描述按自国家建筑标准设计图集《建筑围护结构节能工程做法及数据》09J908—3 中第 1~3 页整理，第 3 点描述按浙江省工程建设标准《居住建筑节能设计标准》DB 33/1015—2015 附录 A 整理，第 4 点描述按中华人民共和国国家标准《公共建筑节能设计标准》GB 50189—2015 附录 A 整理。

1. 墙体传热系数 K 按下列公式计算

$$K = 1/R_0 = 1/(R_i + \sum R + R_e)$$

式中 R_0——传热阻，$m^2 \cdot K/W$；

R_i——内表面换热阻，一般取 $R_i = 0.11 m^2 \cdot K/W$；

分户墙，两侧均取取 $R_i = 0.11 m^2 \cdot K/W$；

R_e——外表面换热阻，取 $R_e = 0.04 m^2 \cdot K/W$；

通风良好的空气间层，$R_e = 0.08 m^2 \cdot K/W$；

$\sum R$——围护结构各层材料热阻总和，$m^2 \cdot K/W$。

2. 进行热工计算的墙体构造层依次为（从外到内）

（1）饰面涂料或者面砖；

（2）抗裂砂浆抹面；

（3）保温隔热层；

（4）基层墙体；

（5）墙面抹灰。

3. 外墙平均传热系数的计算公式

$$
\begin{aligned}
K_m &= (K_p \cdot F_p + K_B \cdot F_B)/(F_p + F_B) \\
&= (K_p \cdot F_p + K_{B1} \cdot F_{B1} + K_{B2} \cdot F_{B2} + K_{B3} \cdot F_{B3})/ \\
&\quad (F_p + F_{B1} + F_{B2} + F_{B3})
\end{aligned}
$$

式中　　　　K_m——外墙的平均传热系数，$W/(m^2 \cdot K)$；

K_p——外墙主体部位的传热系数，$W/(m^2 \cdot K)$；

K_B（K_{B1}、K_{B2}、K_{B3}）——外墙的热桥传热系数，$W/(m^2 \cdot K)$；

F_p——外墙的主体部位的面积，m^2；

F_B（F_{B1}、F_{B2}、F_{B3}）——外墙的热桥部位的面积，m^2。

4. 夏热冬冷地区外墙主体部位传热系数的修正系数 φ 取值

（1）外保温：1.10。

（2）夹心保温（自保温）：1.20。

（3）内保温：1.20。

3.2.4 砌体和热桥热工比例

非黏土多孔砖墙体与热桥热工比例　　　　表3-5

材料名称	厚度（mm）	导热系数 [W/(m·K)]	修正系数	修正后导热系数 [W/(m·K)]	热桥与砌体比例（%）
热桥（钢筋混凝土）	200	1.74	1	1.74	—
非黏土多孔砖墙体	200	0.58	1	0.58	100

当采用多孔砖墙体，不设保温措施时，外墙平均传热系数不能满足省标居建 4.2.12条要求的 $K \leqslant 1.5$，当增设保温措施，具体比例（砌体厚度不变）

保温材料	厚度（mm）	热桥比例（%）	砌体比例（%）	备注
无机保温砂浆B型	20	14	86	满足 $K \leqslant 1.5$，详细构造详见本手册3.3相关内容
	25	32	68	
	30	53	47	
	35	76	24	

当增设外墙保温措施满足国标公建3.3.1-4条文的要求，具体比例（砌体厚度不变）

保温材料	厚度（mm）	热桥比例（%）	砌体比例（%）	备注
保温棉	20	15	85	满足 $K \leqslant 1.0$，详细构造详见本手册3.4相关内容
	25	55	45	
	30	94	6	
	35	20	80	满足 $K \leqslant 0.8$，详细构造详见本手册3.4相关内容
	40	60	40	
	45	100	—	
	60	32	68	满足 $K \leqslant 0.6$，详细构造详见本手册3.4相关内容
	65	70	30	

陶粒混凝土复合砌块与热桥热工比例 表 3-6

材料名称	厚度（mm）	导热系数［W/(m·K)］	修正系数	修正后导热系数［W/(m·K)］	热桥与砌体比例（%）
热桥（钢筋混凝土）	200	1.74	1	1.74	29
陶粒混凝土复合砌块	200	0.17	1.1	0.187	71

当采用上述陶粒混凝土复合砌块自保温时，外墙平均传热系数满足省标居建 4.2.12 条要求的 $K \leqslant 1.5$，当增设保温措施，具体比例（砌体厚度不变）

保温材料	厚度（mm）	热桥比例（%）	砌体比例（%）	备注
无机保温砂浆 B 型	10	41	59	满足 $K \leqslant 1.5$，详细构造详见本手册 3.3 相关内容
	15	49	51	
	20	58	42	
	25	68	32	
	30	78	22	
	35	89	11	

当增设外墙保温措施满足国标公建 3.3.1-4 条文的要求，具体比例（砌体厚度不变）

保温材料	厚度（mm）	热桥比例（%）	砌体比例（%）	备注
保温棉	10	40	60	满足 $K \leqslant 1.0$，详细构造详见本手册 3.4 相关内容
	20	66	34	
	30	98	2	
	10	18	82	满足 $K \leqslant 0.8$，详细构造详见本手册 3.4 相关内容
	20	35	65	
	30	58	72	
	40	85	15	
	30	17	83	满足 $K \leqslant 0.6$，详细构造详见本手册 3.4 相关内容
	40	33	67	
	50	53	47	
	60	76	24	

砂加气混凝土砌块墙体（B07 级）与热桥热工比例 表 3-7

材料名称	厚度（mm）	导热系数［W/(m·K)］	修正系数	修正后导热系数［W/(m·K)］	热桥与砌体比例（%）
热桥（钢筋混凝土）	200	1.74	1	1.74	25
砂加气混凝土砌块墙体（B07 级）	200	0.18	1.25	0.225	75

材料名称	厚度 (mm)	导热系数 [W/(m·K)]	修正 系数	修正后导热系数 [W/(m·K)]	热桥与砌体 比例（%）

当采用上述砂加气混凝土砌块墙体（B07级）自保温时，外墙平均传热系数满足省标居建 4.2.12 条要求的 $K \leqslant 1.5$，当增设保温措施，具体比例（砌体厚度不变）

保温材料	厚度（mm）	热桥比例（%）	砌体比例（%）	备注
无机保温 砂浆 B 型	10	37	63	满足 $K \leqslant 1.5$，详细构造详见本手册 3.3 相关内容
	15	45	55	
	20	55	45	
	25	65	35	
	30	76	24	
	35	88	12	

当增设外墙保温措施满足国标公建 3.3.1-4 条文的要求，具体比例（砌体厚度不变）

保温材料	厚度（mm）	热桥比例（%）	砌体比例（%）	备注
保温棉	10	34	66	满足 $K \leqslant 1.0$，详细构造详见本手册 3.4 相关内容
	20	62	38	
	30	98	2	
	10	11	89	满足 $K \leqslant 0.8$，详细构造详见本手册 3.4 相关内容
	20	28	72	
	30	52	48	
	40	83	17	
	30	7	93	满足 $K \leqslant 0.6$，详细构造详见本手册 3.4 相关内容
	40	24	76	
	50	46	54	
	60	73	27	

砂加气混凝土砌块墙体（B06级）与热桥热工比例　　表 3-8

材料名称	厚度 (mm)	导热系数 [W/(m·K)]	修正 系数	修正后导热系数 [W/(m·K)]	热桥与砌 体比例（%）
热桥（钢筋混凝土）	200	1.74	1	1.74	28
砂加气混凝土砌 块墙体（B06级）	200	0.16	1.25	0.2	72

当采用上述砂加气混凝土砌块墙体（B06级）自保温时，外墙平均传热系数满足省标居建 4.2.12 条要求的 $K \leqslant 1.5$，当增设保温措施，具体比例（砌体厚度不变）

续表

保温材料	厚度（mm）	热桥比例（%）	砌体比例（%）	备注
无机保温砂浆 B 型	10	40	60	满足 $K \leqslant 1.5$，详细构造详见本手册 3.3 相关内容
	15	48	52	
	20	57	43	
	25	67	33	
	30	77	23	
	35	89	11	

当增设外墙保温措施满足国标公建 3.3.1-4 条文的要求，具体比例（砌体厚度不变）

保温材料	厚度（mm）	热桥比例（%）	砌体比例（%）	备注
保温棉	10	38	62	满足 $K \leqslant 1.0$，详细构造详见本手册 3.4 相关内容
	20	65	35	
	30	98	2	
	10	16	84	满足 $K \leqslant 0.8$，详细构造详见本手册 3.4 相关内容
	20	33	67	
	30	56	44	
	40	84	16	
	30	14	86	满足 $K \leqslant 0.6$，详细构造详见本手册 3.4 相关内容
	40	30	70	
	50	51	49	
	60	75	25	

3.3 居住建筑常见做法

3.3.1 住宅：外保温设计

外墙外保温 200mm 钢筋混凝土＋40mm 无机保温砂浆 B 型

表 3-9

各层材料名称	厚度（mm）	导热系数 [W/(m·K)]	修正系数	修正后导热系数 [W/(m·K)]	蓄热系数 [W/(m²·K)]	修正后蓄热系数 [W/(m²·K)]	热阻值 [(m²·K)/W]	热惰性指标
外墙饰面	0	—	—	—	—	—	—	—
抗裂砂浆（网格布）	5	0.930	1.0	0.930	11.311	11.311	0.005	0.061

各层材料名称	厚度(mm)	导热系数[W/(m·K)]	修正系数	修正后导热系数[W/(m·K)]	蓄热系数[W/(m²·K)]	修正后蓄热系数[W/(m²·K)]	热阻值[(m²·K)/W]	热惰性指标
无机保温砂浆 B 型	40	0.085	1.25	0.106	1.500	1.875	0.376	0.706
界面剂	0	—	—	—	—	—	—	—
钢筋混凝土墙体	200	1.740	1.0	1.740	17.200	17.200	0.115	1.977
混合砂浆	20	0.870	1.0	0.870	10.750	10.750	0.023	0.247
合计	265	—	—	—	—	—	0.520	2.991
墙主体传热阻[(m²·K)/W]	$R_0 = R_i + \sum R + R_e = 0.670$					注：R_i 取 0.11，R_e 取 0.04		
墙主体传热系数[W/(m²·K)]	$K = 1/R_0 = 1.493$							

保温材料厚度不变，砌体更换时，外墙热工参数（砌体厚度不变）

砌体材料	非黏土多孔砖		砂加气混凝土砌块（B07 级）		陶粒混凝土复合砌块	
传热系数 K	1.112		0.693		0.616	
热阻 R_0	0.900		1.444		1.624	
热惰性指标 D	3.745		5.003		5.155	
省标居建 4.2.12 条的要求	体形系数≤0.40		$D \leqslant 2.5$	$2.5 < D \leqslant 3.0$	$D > 3.0$	
		北区	$K \leqslant 1.0$	$K \leqslant 1.2$	$K \leqslant 1.5$	
		南区	$K \leqslant 1.2$	$K \leqslant 1.5$	$K \leqslant 1.8$	
	体形系数>0.40		$D \leqslant 2.5$	$2.5 < D \leqslant 3.0$	$D > 3.0$	
		北区	$K \leqslant 0.8$	$K \leqslant 1.0$	$K \leqslant 1.2$	
		南区	$K \leqslant 1.0$	$K \leqslant 1.2$	$K \leqslant 1.5$	

外墙外保温 200mm 钢筋混凝土＋45mm 无机保温砂浆 B 型　　表 3-10

各层材料名称	厚度(mm)	导热系数[W/(m·K)]	修正系数	修正后导热系数[W/(m·K)]	蓄热系数[W/(m²·K)]	修正后蓄热系数[W/(m²·K)]	热阻值[(m²·K)/W]	热惰性指标
外墙饰面	0	—	—	—	—	—	—	—
抗裂砂浆（网格布）	5	0.930	1.0	0.930	11.311	11.311	0.005	0.061

各层材料名称	厚度(mm)	导热系数[W/(m·K)]	修正系数	修正后导热系数[W/(m·K)]	蓄热系数[W/(m²·K)]	修正后蓄热系数[W/(m²·K)]	热阻值[(m²·K)/W]	热惰性指标
无机保温砂浆 B 型	45	0.085	1.25	0.106	1.500	1.875	0.424	0.794
界面剂	0	—	—	—	—	—	—	—
钢筋混凝土墙体	200	1.740	1.0	1.740	17.200	17.200	0.115	1.977
混合砂浆	20	0.870	1.0	0.870	10.750	10.750	0.023	0.247
合计	270	—	—	—	—	—	0.567	3.079
墙主体传热阻[(m²·K)/W]	$R_0 = R_i + \sum R + R_e = 0.717$ 注：R_i 取 0.11，R_e 取 0.04							
墙主体传热系数[W/(m²·K)]	$K = 1/R_0 = 1.395$							

保温材料厚度不变，砌体更换时，外墙热工参数（砌体厚度不变）

砌体材料	非黏土多孔砖	砂加气混凝土砌块（B07级）	陶粒混凝土复合砌块
传热系数 K	1.056	0.671	0.598
热阻 R_0	0.947	1.491	1.671
热惰性指标 D	3.833	5.091	5.243
省标居建 4.2.12 条的要求	体形系数≤0.40			

省标居建 4.2.12 条的要求	体形系数≤0.40	北区	D≤2.5 $K≤1.0$	2.5<D≤3.0 $K≤1.2$	D>3.0 $K≤1.5$
		南区	$K≤1.2$	$K≤1.5$	$K≤1.8$
	体形系数>0.40	北区	D≤2.5 $K≤0.8$	2.5<D≤3.0 $K≤1.0$	D>3.0 $K≤1.2$
		南区	$K≤1.0$	$K≤1.2$	$K≤1.5$

外墙外保温 240mm 钢筋混凝土＋30mm 无机保温砂浆 B 型　　表 3-11

各层材料名称	厚度(mm)	导热系数[W/(m·K)]	修正系数	修正后导热系数[W/(m·K)]	蓄热系数[W/(m²·K)]	修正后蓄热系数[W/(m²·K)]	热阻值[(m²·K)/W]	热惰性指标
外墙饰面	0	—	—	—	—	—	—	—
抗裂砂浆（网格布）	5	0.930	1.0	0.930	11.311	11.311	0.005	0.061

各层材料名称	厚度 (mm)	导热系数 [W/ (m·K)]	修正系数	修正后导热系数 [W/ (m·K)]	蓄热系数 [W/ (m²·K)]	修正后蓄热系数 [W/ (m²·K)]	热阻值 [(m²·K) /W]	热惰性指标
无机保温砂浆 B 型	30	0.085	1.25	0.106	1.500	1.875	0.282	0.529
界面剂	0	—	—	—	—	—	—	—
钢筋混凝土墙体	240	1.740	1.0	1.740	17.200	17.200	0.138	2.372
混合砂浆	20	0.870	1.0	0.870	10.750	10.750	0.023	0.247
合计	295	—	—	—	—	—	0.449	3.210
墙主体传热阻 [(m²·K)/W]	$R_0 = R_i + \sum R + R_e = 0.599$					注：R_i 取 0.11，R_e 取 0.04		
墙主体传热系数 [W/(m²·K)]	$K = 1/R_0 = 1.670$							

保温材料厚度不变，砌体更换时，外墙热工参数（砌体厚度不变）

砌体材料	非黏土多孔砖		砂加气混凝土砌块（B07 级）	陶粒混凝土复合砌块
传热系数 K	1.143		0.655	0.573
热阻 R_0	0.875		1.527	1.744
热惰性指标 D	4.115		5.624	5.807
省标居建 4.2.12 条的要求	体形系数 ≤0.40	$D \leqslant 2.5$	$2.5 < D \leqslant 3.0$	$D > 3.0$
		北区	$K \leqslant 1.0$	$K \leqslant 1.2$	$K \leqslant 1.5$
		南区	$K \leqslant 1.2$	$K \leqslant 1.5$	$K \leqslant 1.8$
	体形系数 >0.40	$D \leqslant 2.5$	$2.5 < D \leqslant 3.0$	$D > 3.0$
		北区	$K \leqslant 0.8$	$K \leqslant 1.0$	$K \leqslant 1.2$
		南区	$K \leqslant 1.0$	$K \leqslant 1.2$	$K \leqslant 1.5$

外墙外保温 240mm 钢筋混凝土＋40mm 无机保温砂浆 B 型　　表 3-12

各层材料名称	厚度 (mm)	导热系数 [W/ (m·K)]	修正系数	修正后导热系数 [W/ (m·K)]	蓄热系数 [W/ (m²·K)]	修正后蓄热系数 [W/ (m²·K)]	热阻值 [(m²·K) /W]	热惰性指标
外墙饰面	0	—	—	—	—	—	—	—
抗裂砂浆（网格布）	5	0.930	1.0	0.930	11.311	11.311	0.005	0.061

各层材料名称	厚度 (mm)	导热系数 [W/(m·K)]	修正系数	修正后导热系数 [W/(m·K)]	蓄热系数 [W/(m²·K)]	修正后蓄热系数 [W/(m²·K)]	热阻值 [(m²·K)/W]	热惰性指标
无机保温砂浆 B 型	40	0.085	1.25	0.106	1.500	1.875	0.376	0.706
界面剂	0	—	—	—	—	—	—	—
钢筋混凝土墙体	240	1.740	1.0	1.740	17.200	17.200	0.138	2.372
混合砂浆	20	0.870	1.0	0.870	10.750	10.750	0.023	0.247
合计	305	—	—	—	—	—	0.543	3.386
墙主体传热阻 [(m²·K)/W]	$R_0 = R_i + \sum R + R_e = 0.693$				注：R_i 取 0.11，R_e 取 0.04			
墙主体传热系数 [W/(m²·K)]	$K = 1/R_0 = 1.443$							

保温材料厚度不变，砌体更换时，外墙热工参数（砌体厚度不变）

砌体材料	非黏土多孔砖	砂加气混凝土砌块（B07 级）		陶粒混凝土复合砌块
传热系数 K	1.032	0.617		0.544
热阻 R_0	0.969	1.622		1.838
热惰性指标 D	4.291	5.800		5.983
省标居建 4.2.12 条的要求	体形系数 ≤0.40		$D \leq 2.5$	$2.5 < D \leq 3.0$	$D > 3.0$

省标居建 4.2.12 条的要求	体形系数 ≤0.40	北区	$K \leq 1.0$	$K \leq 1.2$	$K \leq 1.5$
		南区	$K \leq 1.2$	$K \leq 1.5$	$K \leq 1.8$
	体形系数 >0.40		$D \leq 2.5$	$2.5 < D \leq 3.0$	$D > 3.0$
		北区	$K \leq 0.8$	$K \leq 1.0$	$K \leq 1.2$
		南区	$K \leq 1.0$	$K \leq 1.2$	$K \leq 1.5$

外墙外保温 240mm 钢筋混凝土＋45mm 无机保温砂浆 B 型　　表 3-13

各层材料名称	厚度 (mm)	导热系数 [W/(m·K)]	修正系数	修正后导热系数 [W/(m·K)]	蓄热系数 [W/(m²·K)]	修正后蓄热系数 [W/(m²·K)]	热阻值 [(m²·K)/W]	热惰性指标
外墙饰面	0	—	—	—	—	—	—	—
抗裂砂浆（网格布）	5	0.930	1.0	0.930	11.311	11.311	0.005	0.061

续表

各层材料名称	厚度(mm)	导热系数 [W/(m·K)]	修正系数	修正后导热系数 [W/(m·K)]	蓄热系数 [W/(m²·K)]	修正后蓄热系数 [W/(m²·K)]	热阻值 [(m²·K)/W]	热惰性指标
无机保温砂浆 B 型	45	0.085	1.25	0.106	1.500	1.875	0.424	0.794
界面剂	0	—		—	—	—	—	—
钢筋混凝土墙体	240	1.740	1.0	1.740	17.200	17.200	0.138	2.372
混合砂浆	20	0.870	1.0	0.870	10.750	10.750	0.023	0.247
合计	310	—	—	—	—	—	0.590	3.474
墙主体传热阻 [(m²·K)/W]	$R_0 = R_i + \sum R + R_e = 0.740$					注：R_i 取 0.11，R_e 取 0.04		
墙主体传热系数 [W/(m²·K)]	$K = 1/R_0 = 1.352$							

保温材料厚度不变，砌体更换时，外墙热工参数（砌体厚度不变）

砌体材料	非黏土多孔砖	砂加气混凝土砌块（B07 级）	陶粒混凝土复合砌块
传热系数 K	0.985	0.599	0.530
热阻 R_0	1.016	1.669	1.885
热惰性指标 D	4.379	5.889	6.071
省标居建 4.2.12 条的要求	体形系数 ≤0.40	北区	$D \leqslant 2.5$ / 2.5<D≤3.0 / D>3.0

省标居建 4.2.12 条的要求	体形系数 ≤0.40		$D \leqslant 2.5$	$2.5 < D \leqslant 3.0$	$D > 3.0$
		北区	$K \leqslant 1.0$	$K \leqslant 1.2$	$K \leqslant 1.5$
		南区	$K \leqslant 1.2$	$K \leqslant 1.5$	$K \leqslant 1.8$
	体形系数 >0.40		$D \leqslant 2.5$	$2.5 < D \leqslant 3.0$	$D > 3.0$
		北区	$K \leqslant 0.8$	$K \leqslant 1.0$	$K \leqslant 1.2$
		南区	$K \leqslant 1.0$	$K \leqslant 1.2$	$K \leqslant 1.5$

外墙外保温 200mm 多孔砖＋15mm 无机保温砂浆 B 型 表 3-14

各层材料名称	厚度(mm)	导热系数 [W/(m·K)]	修正系数	修正后导热系数 [W/(m·K)]	蓄热系数 [W/(m²·K)]	修正后蓄热系数 [W/(m²·K)]	热阻值 [(m²·K)/W]	热惰性指标
外墙饰面	0	—		—	—	—	—	—
抗裂砂浆（网格布）	5	0.930	1.0	0.930	11.311	11.311	0.005	0.061

各层材料名称	厚度(mm)	导热系数 [W/(m·K)]	修正系数	修正后导热系数 [W/(m·K)]	蓄热系数 [W/(m²·K)]	修正后蓄热系数 [W/(m²·K)]	热阻值 [(m²·K)/W]	热惰性指标
无机保温砂浆 B 型	15	0.085	1.25	0.106	1.500	1.875	0.141	0.265
界面剂	0	—	—	—	—	—	—	—
非黏土多孔砖墙体	200	0.580	1.0	0.580	7.920	7.920	0.345	2.731
混合砂浆	20	0.870	1.0	0.870	10.750	10.750	0.023	0.247
合计	240	—	—	—	—	—	0.514	3.304
墙主体传热阻 [(m²·K)/W]		$R_0 = R_i + \sum R + R_e = 0.664$			注：R_i 取 0.11，R_e 取 0.04			
墙主体传热系数 [W/(m²·K)]		$K = 1/R_0 = 1.505$						

保温材料厚度不变，砌体更换时，外墙热工参数（砌体厚度不变）

砌体材料	钢筋混凝土	砂加气混凝土砌块（B07 级）	陶粒混凝土复合砌块
传热系数 K	2.302	0.828	0.720
热阻 R_0	0.434	1.208	1.389
热惰性指标 D	2.550	4.562	4.714
省标居建 4.2.12 条的要求	体形系数 ≤0.40	北区	D≤2.5 / K≤1.0	2.5<D≤3.0 / K≤1.2	D>3.0 / K≤1.5

省标居建 4.2.12 条的要求			D≤2.5	2.5<D≤3.0	D>3.0
	体形系数 ≤0.40	北区	K≤1.0	K≤1.2	K≤1.5
		南区	K≤1.2	K≤1.5	K≤1.8
	体形系数 >0.40		D≤2.5	2.5<D≤3.0	D>3.0
		北区	K≤0.8	K≤1.0	K≤1.2
		南区	K≤1.0	K≤1.2	K≤1.5

外墙外保温 200mm 多孔砖＋20mm 无机保温砂浆 B 型　　　　表 3-15

各层材料名称	厚度(mm)	导热系数 [W/(m·K)]	修正系数	修正后导热系数 [W/(m·K)]	蓄热系数 [W/(m²·K)]	修正后蓄热系数 [W/(m²·K)]	热阻值 [(m²·K)/W]	热惰性指标
外墙饰面	0	—	—	—	—	—	—	—
抗裂砂浆（网格布）	5	0.930	1.0	0.930	11.311	11.311	0.005	0.061

各层材料名称	厚度(mm)	导热系数[W/(m·K)]	修正系数	修正后导热系数[W/(m·K)]	蓄热系数[W/(m²·K)]	修正后蓄热系数[W/(m²·K)]	热阻值[(m²·K)/W]	热惰性指标
无机保温砂浆 B 型	20	0.085	1.25	0.106	1.500	1.875	0.188	0.353
界面剂	0	—	—	—	—	—	—	—
非黏土多孔砖墙体	200	0.580	1.0	0.580	7.920	7.920	0.345	2.731
混合砂浆	20	0.870	1.0	0.870	10.750	10.750	0.023	0.247
合计	245	—	—	—	—	—	0.561	3.392
墙主体传热阻[(m²·K)/W]	$R_0 = R_i + \sum R + R_e = 0.711$ 注：R_i 取 0.11，R_e 取 0.04							
墙主体传热系数[W/(m²·K)]	$K = 1/R_0 = 1.406$							

保温材料厚度不变，砌体更换时，外墙热工参数（砌体厚度不变）

砌体材料	钢筋混凝土	砂加气混凝土砌块（B07 级）	陶粒混凝土复合砌块
传热系数 K	2.077	0.797	0.696
热阻 R_0	0.482	1.255	1.436
热惰性指标 D	2.638	4.650	4.802
省标居建 4.2.12 条的要求	体形系数≤0.40 北区	$D \leq 2.5$ $K \leq 1.0$	$2.5 < D \leq 3.0$ $K \leq 1.2$	$D > 3.0$ $K \leq 1.5$
	南区	$K \leq 1.2$	$K \leq 1.5$	$K \leq 1.8$
	体形系数>0.40 北区	$D \leq 2.5$ $K \leq 0.8$	$2.5 < D \leq 3.0$ $K \leq 1.0$	$D > 3.0$ $K \leq 1.2$
	南区	$K \leq 1.0$	$K \leq 1.2$	$K \leq 1.5$

外墙外保温 240mm 多孔砖＋15mm 无机保温砂浆 B 型　　　表 3-16

各层材料名称	厚度(mm)	导热系数[W/(m·K)]	修正系数	修正后导热系数[W/(m·K)]	蓄热系数[W/(m²·K)]	修正后蓄热系数[W/(m²·K)]	热阻值[(m²·K)/W]	热惰性指标
外墙饰面	0	—	—	—	—	—	—	—
抗裂砂浆（网格布）	5	0.930	1.0	0.930	11.311	11.311	0.005	0.061

续表

各层材料名称	厚度 (mm)	导热系数 [W/(m·K)]	修正系数	修正后导热系数 [W/(m·K)]	蓄热系数 [W/(m²·K)]	修正后蓄热系数 [W/(m²·K)]	热阻值 [(m²·K)/W]	热惰性指标
无机保温砂浆 B 型	15	0.085	1.25	0.106	1.500	1.875	0.141	0.265
界面剂	0	—	—	—	—	—	—	—
非黏土多孔砖墙体	240	0.580	1.0	0.580	7.920	7.920	0.414	3.277
混合砂浆	20	0.870	1.0	0.870	10.750	10.750	0.023	0.247
合计	280						0.583	3.850
墙主体传热阻 [(m²·K)/W]	$R_0 = R_i + \sum R + R_e = 0.733$				注：R_i 取 0.11，R_e 取 0.04			
墙主体传热系数 [W/(m²·K)]	$K = 1/R_0 = 1.364$							

保温材料厚度不变，砌体更换时，外墙热工参数（砌体厚度不变）

砌体材料	钢筋混凝土	砂加气混凝土砌块（B07 级）	陶粒混凝土复合砌块
传热系数 K	2.186	0.721	0.624
热阻 R_0	0.457	1.386	1.603
热惰性指标 D	2.945	5.359	5.542
省标居建 4.2.12 条的要求	体形系数 ≤0.40	北区	$D \leq 2.5$ 　 $K \leq 1.0$	$2.5 < D \leq 3.0$ 　 $K \leq 1.2$	$D > 3.0$ 　 $K \leq 1.5$

省标居建 4.2.12 条的要求	体形系数 ≤0.40		$D \leq 2.5$	$2.5 < D \leq 3.0$	$D > 3.0$
		北区	$K \leq 1.0$	$K \leq 1.2$	$K \leq 1.5$
		南区	$K \leq 1.2$	$K \leq 1.5$	$K \leq 1.8$
	体形系数 >0.40		$D \leq 2.5$	$2.5 < D \leq 3.0$	$D > 3.0$
		北区	$K \leq 0.8$	$K \leq 1.0$	$K \leq 1.2$
		南区	$K \leq 1.0$	$K \leq 1.2$	$K \leq 1.5$

3.3.2 住宅：内保温设计

外墙内保温 200mm 钢筋混凝土＋35mm 无机保温砂浆 C 型　表 3-17

各层材料名称	厚度 (mm)	导热系数 [W/(m·K)]	修正系数	修正后导热系数 [W/(m·K)]	蓄热系数 [W/(m²·K)]	修正后蓄热系数 [W/(m²·K)]	热阻值 [(m²·K)/W]	热惰性指标
外墙饰面	0	—	—	—	—	—	—	—
混合砂浆	20	0.870	1.0	0.870	10.750	10.750	0.023	0.247

续表

各层材料名称	厚度(mm)	导热系数[W/(m·K)]	修正系数	修正后导热系数[W/(m·K)]	蓄热系数[W/(m²·K)]	修正后蓄热系数[W/(m²·K)]	热阻值[(m²·K)/W]	热惰性指标
钢筋混凝土墙体	200	1.740	1.0	1.740	17.200	17.200	0.115	1.977
界面剂	0	—	—	—	—	—	—	—
无机保温砂浆C型	35	0.070	1.25	0.088	1.200	1.500	0.400	0.600
抗裂砂浆（网格布）	5	0.930	1.0	0.930	11.311	11.311	0.005	0.061
合计	260	—	—	—	—	—	0.543	2.885
墙主体传热阻[(m²·K)/W]	$R_0 = R_i + \sum R + R_e = 0.693$				注：R_i 取 0.11，R_e 取 0.04			
墙主体传热系数[W/(m²·K)]	$K = 1/R_0 = 1.442$							

保温材料厚度不变，砌体更换时，外墙热工参数（砌体厚度不变）

砌体材料	非黏土多孔砖	砂加气混凝土砌块（B07级）	砂加气混凝土砌块（B06级）	陶粒混凝土复合砌块
传热系数 K	1.083	0.682	0.634	0.607
热阻 R_0	0.923	1.467	1.578	1.648
热惰性指标 D	3.639	4.897	5.008	5049
省标居建 4.2.12 条的要求	体形系数 ≤0.40 北区	$D \leqslant 2.5$: $K \leqslant 1.0$	$2.5 < D \leqslant 3.0$: $K \leqslant 1.2$	$D > 3.0$: $K \leqslant 1.5$
	体形系数 ≤0.40 南区	$K \leqslant 1.2$	$K \leqslant 1.5$	$K \leqslant 1.8$
	体形系数 >0.40 北区	$D \leqslant 2.5$: $K \leqslant 0.8$	$2.5 < D \leqslant 3.0$: $K \leqslant 1.0$	$D > 3.0$: $K \leqslant 1.2$
	体形系数 >0.40 南区	$K \leqslant 1.0$	$K \leqslant 1.2$	$K \leqslant 1.5$

外墙内保温 200mm 钢筋混凝土＋45mm 无机保温砂浆 C 型　　表 3-18

各层材料名称	厚度(mm)	导热系数[W/(m·K)]	修正系数	修正后导热系数[W/(m·K)]	蓄热系数[W/(m²·K)]	修正后蓄热系数[W/(m²·K)]	热阻值[(m²·K)/W]	热惰性指标
外墙饰面	0	—	—	—	—	—	—	—
混合砂浆	20	0.870	1.0	0.870	10.750	10.750	0.023	0.247

续表

各层材料 名称	厚度 (mm)	导热系数 [W/ (m·K)]	修正 系数	修正后 导热系 数 [W/ (m·K)]	蓄热系数 [W/ (m²·K)]	修正后蓄 热系数 [W/ (m²·K)]	热阻值 [(m²·K) /W]	热惰性 指标
钢筋混凝土墙体	200	1.740	1.0	1.740	17.200	17.200	0.115	1.977
界面剂	0	—	—	—	—	—	—	—
无机保温砂浆 C 型	45	0.070	1.25	0.088	1.200	1.500	0.514	0.771
抗裂砂浆（网格布）	5	0.930	1.0	0.930	11.311	11.311	0.005	0.061
合计	270	—	—	—	—	—	0.658	3.056
墙主体传热阻 [(m²·K)/W]	$R_0=R_i+\sum R+R_e=0.808$				注：R_i 取 0.11，R_e 取 0.04			
墙主体传热系数 [W/(m²·K)]	$K=1/R_0=1.238$							

保温材料厚度不变，砌体更换时，外墙热工参数（砌体厚度不变）

砌体材料	非黏土多孔砖	砂加气混凝土砌块（B07 级）	砂加气混凝土砌块（B06 级）	陶粒混凝土复合砌块
传热系数 K	0.964	0.632	0.591	0.567
热阻 R_0	1.037	1.582	1.693	1.762
热惰性指标 D	3.810	5.068	5.179	5.221
省标居建 4.2.12 条的要求	体形系数 ≤0.40		$D \leqslant 2.5$	$2.5 < D \leqslant 3.0$	$D > 3.0$
		北区	$K \leqslant 1.0$	$K \leqslant 1.2$	$K \leqslant 1.5$
		南区	$K \leqslant 1.2$	$K \leqslant 1.5$	$K \leqslant 1.8$
	体形系数 >0.40		$D \leqslant 2.5$	$2.5 < D \leqslant 3.0$	$D > 3.0$
		北区	$K \leqslant 0.8$	$K \leqslant 1.0$	$K \leqslant 1.2$
		南区	$K \leqslant 1.0$	$K \leqslant 1.2$	$K \leqslant 1.5$

外墙内保温 240mm 钢筋混凝土＋35mm 无机保温砂浆 C 型　　表 3-19

各层材料 名称	厚度 (mm)	导热系数 [W/ (m·K)]	修正 系数	修正后 导热系 数 [W/ (m·K)]	蓄热系数 [W/ (m²·K)]	修正后蓄 热系数 [W/ (m²·K)]	热阻值 [(m²·K) /W]	热惰性 指标
外墙饰面	0	—	—	—	—	—	—	—
混合砂浆	20	0.870	1.0	0.870	10.750	10.750	0.023	0.247

续表

各层材料名称	厚度 (mm)	导热系数 [W/ (m·K)]	修正系数	修正后导热系数 [W/ (m·K)]	蓄热系数 [W/ (m²·K)]	修正后蓄热系数 [W/ (m²·K)]	热阻值 [(m²·K) /W]	热惰性指标
钢筋混凝土墙体	240	1.740	1.0	1.740	17.200	17.200	0.138	2.372
界面剂	0	—	—	—	—	—	—	—
无机保温砂浆 C 型	35	0.070	1.25	0.088	1.200	1.500	0.400	0.600
抗裂砂浆（网格布）	5	0.930	1.0	0.930	11.311	11.311	0.005	0.061
合计	300	—	—	—	—	—	0.566	3.280

墙主体传热阻 [(m²·K)/W]	$R_0=R_i+\sum R+R_e=0.716$	注：R_i 取 0.11，R_e 取 0.04
墙主体传热系数 [W/(m²·K)]	$K=1/R_0=1.396$	

保温材料厚度不变，砌体更换时，外墙热工参数（砌体厚度不变）

砌体材料	非黏土多孔砖	砂加气混凝土砌块（B07 级）	砂加气混凝土砌块（B06 级）	陶粒混凝土复合砌块
传热系数 K	1.008	0.608	0.562	0.537
热阻 R_0	0.992	1.645	1.778	1.862
热惰性指标 D	4.185	5.695	5.828	5.877

省标居建 4.2.12 条的要求	体形系数 ≤0.40		$D≤2.5$	$2.5<D≤3.0$	$D>3.0$
		北区	$K≤1.0$	$K≤1.2$	$K≤1.5$
		南区	$K≤1.2$	$K≤1.5$	$K≤1.8$
	体形系数 >0.40		$D≤2.5$	$2.5<D≤3.0$	$D>3.0$
		北区	$K≤0.8$	$K≤1.0$	$K≤1.2$
		南区	$K≤1.0$	$K≤1.2$	$K≤1.5$

外墙内保温 240mm 钢筋混凝土＋45mm 无机保温砂浆Ⅰ型 表 3-20

各层材料名称	厚度 (mm)	导热系数 [W/ (m·K)]	修正系数	修正后导热系数 [W/ (m·K)]	蓄热系数 [W/ (m²·K)]	修正后蓄热系数 [W/ (m²·K)]	热阻值 [(m²·K) /W]	热惰性指标
外墙饰面	0	—	—	—	—	—	—	—
混合砂浆	20	0.870	1.0	0.870	10.750	10.750	0.023	0.247

续表

各层材料名称	厚度(mm)	导热系数[W/(m·K)]	修正系数	修正后导热系数[W/(m·K)]	蓄热系数[W/(m²·K)]	修正后蓄热系数[W/(m²·K)]	热阻值[(m²·K)/W]	热惰性指标
钢筋混凝土墙体	240	1.740	1.0	1.740	17.200	17.200	0.138	2.372
界面剂	0	—	—	—	—	—	—	—
无机保温砂浆Ⅰ型	45	0.070	1.25	0.088	1.200	1.500	0.514	0.771
抗裂砂浆(网格布)	5	0.930	1.0	0.930	11.311	11.311	0.005	0.061
合计	310	—	—	—	—	—	0.681	3.452
墙主体传热阻[(m²·K)/W]		$R_0 = R_i + \sum R + R_e = 0.831$				注：R_i 取 0.11，R_e 取 0.04		
墙主体传热系数[W/(m²·K)]		$K = 1/R_0 = 1.204$						

保温材料厚度不变，砌体更换时，外墙热工参数（砌体厚度不变）

砌体材料	非黏土多孔砖	砂加气混凝土砌块(B07级)	砂加气混凝土砌块(B06级)	陶粒混凝土复合砌块
传热系数 K	0.904	0.568	0.528	0.506
热阻 R_0	1.106	1.759	1.893	1.976
热惰性指标 D	4.357	5.866	5.999	6.049
省标居建 4.2.12 条的要求	体形系数 ≤0.40		$D≤2.5$	$2.5<D≤3.0$	$D>3.0$

省标居建 4.2.12 条的要求	体形系数 ≤0.40	北区	$D≤2.5$ $K≤1.0$	$2.5<D≤3.0$ $K≤1.2$	$D>3.0$ $K≤1.5$
		南区	$K≤1.2$	$K≤1.5$	$K≤1.8$
	体形系数 >0.40		$D≤2.5$	$2.5<D≤3.0$	$D>3.0$
		北区	$K≤0.8$	$K≤1.0$	$K≤1.2$
		南区	$K≤1.0$	$K≤1.2$	$K≤1.5$

外墙内保温 200mm 多孔砖＋15mm 无机保温砂浆 C 型　　　　表 3-21

各层材料名称	厚度(mm)	导热系数[W/(m·K)]	修正系数	修正后导热系数[W/(m·K)]	蓄热系数[W/(m²·K)]	修正后蓄热系数[W/(m²·K)]	热阻值[(m²·K)/W]	热惰性指标
外墙饰面	0	—	—	—	—	—	—	—
混合砂浆	20	0.870	1.0	0.870	10.750	10.750	0.023	0.247

58

续表

各层材料名称	厚度(mm)	导热系数[W/(m·K)]	修正系数	修正后导热系数[W/(m·K)]	蓄热系数[W/(m²·K)]	修正后蓄热系数[W/(m²·K)]	热阻值[(m²·K)/W]	热惰性指标
非黏土多孔砖墙体	200	0.580	1.0	0.580	7.920	7.920	0.345	2.731
界面剂	0	—	—	—	—	—	—	—
无机保温砂浆 C 型	15	0.070	1.25	0.088	1.200	1.500	0.171	0.257
抗裂砂浆（网格布）	5	0.930	1.0	0.930	11.311	11.311	0.005	0.061
合计	240	—	—	—	—	—	0.545	3.296
墙主体传热阻[(m²·K)/W]	$R_0=R_i+\sum R+R_e=0.695$			注：R_i 取 0.11，R_e 取 0.04				
墙主体传热系数[W/(m²·K)]	$K=1/R_0=1.440$							

保温材料厚度不变，砌体更换时，外墙热工参数（砌体厚度不变）

砌体材料	钢筋混凝土	砂加气混凝土砌块（B07 级）	砂加气混凝土砌块（B06 级）	陶粒混凝土复合砌块
传热系数 K	2.152	0.807	0.741	0.705
热阻 R_0	0.465	1.239	1.350	1.419
热惰性指标 D	2.542	4.554	4.665	4.706
省标居建 4.2.12 条的要求	体形系数 ≤0.40		$D≤2.5$	$2.5<D≤3.0$	$D>3.0$
		北区	$K≤1.0$	$K≤1.2$	$K≤1.5$
		南区	$K≤1.2$	$K≤1.5$	$K≤1.8$
	体形系数 >0.40		$D≤2.5$	$2.5<D≤3.0$	$D>3.0$
		北区	$K≤0.8$	$K≤1.0$	$K≤1.2$
		南区	$K≤1.0$	$K≤1.2$	$K≤1.5$

外墙内保温 240mm 多孔砖＋15mm 无机保温砂浆 C 型　　表 3-22

各层材料名称	厚度(mm)	导热系数[W/(m·K)]	修正系数	修正后导热系数[W/(m·K)]	蓄热系数[W/(m²·K)]	修正后蓄热系数[W/(m²·K)]	热阻值[(m²·K)/W]	热惰性指标
外墙饰面	0	—	—	—	—	—	—	—
混合砂浆	20	0.870	1.0	0.870	10.750	10.750	0.023	0.247

续表

各层材料名称	厚度 (mm)	导热系数 [W/ (m·K)]	修正系数	修正后导热系数 [W/ (m·K)]	蓄热系数 [W/ (m²·K)]	修正后蓄热系数 [W/ (m²·K)]	热阻值 [(m²·K) /W]	热惰性指标
非黏土多孔砖墙体	240	0.580	1.0	0.580	7.920	7.920	0.414	3.277
界面剂	0	—	—	—	—	—	·	
无机保温砂浆 C 型	15	0.070	1.25	0.088	1.200	1.500	0.171	0.257
抗裂砂浆（网格布）	5	0.930	1.0	0.930	11.311	11.311	0.005	0.061
合计	280	—	—	—	—	—	0.614	3.842
墙主体传热阻 [(m²·K)/W]	$R_0 = R_i + \sum R + R_e = 0.764$				注：R_i 取 0.11，R_e 取 0.04			
墙主体传热系数 [W/(m²·K)]	$K = 1/R_0 = 1.310$							

保温材料厚度不变，砌体更换时，外墙热工参数（砌体厚度不变）

砌体材料	钢筋混凝土	砂加气混凝土砌块（B07 级）	砂加气混凝土砌块（B06 级）	陶粒混凝土复合砌块
传热系数 K	2.050	0.706	0.645	0.612
热阻 R_0	0.488	1.416	1.550	1.633
热惰性指标 D	2.937	5.352	5.485	5.534
省标居建 4.2.12 条的要求	体形系数 ≤0.40	北区	$D \leqslant 2.5$ $K \leqslant 1.0$	$2.5 < D \leqslant 3.0$ $K \leqslant 1.2$	$D > 3.0$ $K \leqslant 1.5$
		南区	$K \leqslant 1.2$	$K \leqslant 1.5$	$K \leqslant 1.8$
	体形系数 >0.40	北区	$D \leqslant 2.5$ $K \leqslant 0.8$	$2.5 < D \leqslant 3.0$ $K \leqslant 1.0$	$D > 3.0$ $K \leqslant 1.2$
		南区	$K \leqslant 1.0$	$K \leqslant 1.2$	$K \leqslant 1.5$

3.3.3 住宅：自保温设计

自保温 200mm 陶粒混凝土复合砌块（70mm 厚模塑聚苯板） 表 3-23

各层材料名称	厚度(mm)	导热系数[W/(m·K)]	修正系数	修正后导热系数[W/(m·K)]	蓄热系数[W/(m²·K)]	修正后蓄热系数[W/(m²·K)]	热阻值[(m²·K)/W]	热惰性指标
外墙饰面	0	—	—	—	—	—	—	—
混合砂浆	20	0.870	1.0	0.870	10.750	10.750	0.023	0.247
陶粒混凝土复合砌块墙体	200	0.170	1.1	0.187	3.520	3.872	1.070	4.141
混合砂浆	20	0.870	1.0	0.870	10.750	10.750	0.023	0.247
合计	240	—	—	—	—	—	1.115	4.635

墙主体传热阻 [(m²·K)/W]： $R_0 = R_i + \sum R + R_e = 1.265$　　注：R_i 取 0.11，R_e 取 0.04

墙主体传热系数 [W/(m²·K)]： $K = 1/R_0 = 0.790$

省标居建 4.2.12 条的要求：

体形系数 ≤0.40		$D≤2.5$	$2.5<D≤3.0$	$D>3.0$
	北区	$K≤1.0$	$K≤1.2$	$K≤1.5$
	南区	$K≤1.2$	$K≤1.5$	$K≤1.8$
体形系数 >0.40		$D≤2.5$	$2.5<D≤3.0$	$D>3.0$
	北区	$K≤0.8$	$K≤1.0$	$K≤1.2$
	南区	$K≤1.0$	$K≤1.2$	$K≤1.5$

自保温 240mm 陶粒混凝土复合砌块（70mm 厚模塑聚苯板） 表 3-24

各层材料名称	厚度(mm)	导热系数[W/(m·K)]	修正系数	修正后导热系数[W/(m·K)]	蓄热系数[W/(m²·K)]	修正后蓄热系数[W/(m²·K)]	热阻值[(m²·K)/W]	热惰性指标
外墙饰面	0	—	—	—	—	—	—	—
混合砂浆	20	0.870	1.0	0.870	10.750	10.750	0.023	0.247
陶粒混凝土复合砌块墙体	240	0.170	1.1	0.187	3.520	3.872	1.283	4.969
混合砂浆	20	0.870	1.0	0.870	10.750	10.750	0.023	0.247
合计	280	—	—	—	—	—	1.329	5.464

墙主体传热阻 [(m²·K)/W]： $R_0 = R_i + \sum R + R_e = 1.479$　　注：R_i 取 0.11，R_e 取 0.04

墙主体传热系数 [W/(m²·K)]： $K = 1/R_0 = 0.676$

续表

各层材料名称	厚度 (mm)	导热系数 [W/(m·K)]	修正系数	修正后导热系数 [W/(m·K)]	蓄热系数 [W/(m²·K)]	修正后蓄热系数 [W/(m²·K)]	热阻值 [(m²·K)/W]	热惰性指标
省标居建 4.2.12 条的要求	体形系数 ≤0.40			D≤2.5	2.5<D≤3.0		D>3.0	
		北区	K≤1.0	K≤1.2		K≤1.5		
		南区	K≤1.2	K≤1.5		K≤1.8		
	体形系数 >0.40			D≤2.5	2.5<D≤3.0		D>3.0	
		北区	K≤0.8	K≤1.0		K≤1.2		
		南区	K≤1.0	K≤1.2		K≤1.5		

自保温 200mm 砂（粉煤灰）加气混凝土砌块（B07 级）　　表 3-25

各层材料名称	厚度 (mm)	导热系数 [W/(m·K)]	修正系数	修正后导热系数 [W/(m·K)]	蓄热系数 [W/(m²·K)]	修正后蓄热系数 [W/(m²·K)]	热阻值 [(m²·K)/W]	热惰性指标
外墙饰面	0	—	—	—	—	—	—	—
聚合物水泥石灰砂浆	20	0.930	1.0	0.930	11.370	11.370	0.022	0.245
界面剂	0	—	—	—	—	—	—	—
砂加气混凝土砌块墙体（B07 级）	200	0.180	1.25	0.225	3.590	4.488	0.889	3.989
界面剂	0	—	—	—	—	—	—	—
聚合物水泥石灰砂浆	20	0.930	1.0	0.930	11.370	11.370	0.022	0.245
合计	240	—	—	—	—	—	0.932	4.478
墙主体传热阻 [(m²·K)/W]	$R_0=R_i+\sum R+R_e=1.082$				注：R_i 取 0.11，R_e 取 0.04			
墙主体传热系数 [W/(m²·K)]	$K=1/R_0=0.924$							
省标居建 4.2.12 条的要求	体形系数 ≤0.40		D≤2.5	2.5<D≤3.0		D>3.0		
		北区	K≤1.0	K≤1.2		K≤1.5		
		南区	K≤1.2	K≤1.5		K≤1.8		
	体形系数 >0.40		D≤2.5	2.5<D≤3.0		D>3.0		
		北区	K≤0.8	K≤1.0		K≤1.2		
		南区	K≤1.0	K≤1.2		K≤1.5		

自保温 240mm 砂（粉煤灰）加气混凝土砌块（B07 级）　　表 3-26

各层材料名称	厚度(mm)	导热系数[W/(m·K)]	修正系数	修正后导热系数[W/(m·K)]	蓄热系数[W/(m²·K)]	修正后蓄热系数[W/(m²·K)]	热阻值[(m²·K)/W]	热惰性指标
外墙饰面	0	—	—	—	—	—	—	—
聚合物水泥石灰砂浆	20	0.930	1.0	0.930	11.370	11.370	0.022	0.245
界面剂	0	—	—	—	—	—	—	—
砂加气混凝土砌块墙体（B07 级）	240	0.180	1.25	0.225	3.590	4.488	1.067	4.787
界面剂	0	—	—	—	—	—	—	—
聚合物水泥石灰砂浆	20	0.930	1.0	0.930	11.370	11.370	0.022	0.245
合计	280	—	—	—	—	—	1.110	5.276
墙主体传热阻[(m²·K)/W]	$R_0=R_i+\sum R+R_e=1.260$				注：R_i 取 0.11，R_e 取 0.04			
墙主体传热系数[W/(m²·K)]	$K=1/R_0=0.794$							

省标居建 4.2.12 条的要求	体形系数 ≤0.40		$D\leqslant2.5$	$2.5<D\leqslant3.0$	$D>3.0$
		北区	$K\leqslant1.0$	$K\leqslant1.2$	$K\leqslant1.5$
		南区	$K\leqslant1.2$	$K\leqslant1.5$	$K\leqslant1.8$
	体形系数 >0.40		$D\leqslant2.5$	$2.5<D\leqslant3.0$	$D>3.0$
		北区	$K\leqslant0.8$	$K\leqslant1.0$	$K\leqslant1.2$
		南区	$K\leqslant1.0$	$K\leqslant1.2$	$K\leqslant1.5$

自保温 200mm 砂（粉煤灰）加气混凝土砌块（B06 级）　　表 3-27

各层材料名称	厚度(mm)	导热系数[W/(m·K)]	修正系数	修正后导热系数[W/(m·K)]	蓄热系数[W/(m²·K)]	修正后蓄热系数[W/(m²·K)]	热阻值[(m²·K)/W]	热惰性指标
外墙饰面	0	—	—	—	—	—	—	—
聚合物水泥石灰砂浆	20	0.930	1.0	0.930	11.370	11.370	0.022	0.245
界面剂	0	—	—	—	—	—	—	—

各层材料名称	厚度(mm)	导热系数[W/(m·K)]	修正系数	修正后导热系数[W/(m·K)]	蓄热系数[W/(m²·K)]	修正后蓄热系数[W/(m²·K)]	热阻值[(m²·K)/W]	热惰性指标
砂加气混凝土砌块墙体(B06级)	200	0.160	1.25	0.200	3.280	4.100	1.000	4.100
界面剂	0	—	—	—	—	—	—	—
聚合物水泥石灰砂浆	20	0.930	1.0	0.930	11.370	11.370	0.022	0.245
合计	240						1.043	4.589
墙主体传热阻[(m²·K)/W]	$R_0=R_i+\sum R+R_e=1.193$				注：R_i 取 0.11，R_e 取 0.04			
墙主体传热系数[W/(m²·K)]	$K=1/R_0=0.838$							

省标居建4.2.12条的要求	体形系数≤0.40		$D\leqslant2.5$	$2.5<D\leqslant3.0$	$D>3.0$
		北区	$K\leqslant1.0$	$K\leqslant1.2$	$K\leqslant1.5$
		南区	$K\leqslant1.2$	$K\leqslant1.5$	$K\leqslant1.8$
	体形系数>0.40		$D\leqslant2.5$	$2.5<D\leqslant3.0$	$D>3.0$
		北区	$K\leqslant0.8$	$K\leqslant1.0$	$K\leqslant1.2$
		南区	$K\leqslant1.0$	$K\leqslant1.2$	$K\leqslant1.5$

自保温240mm砂（粉煤灰）加气混凝土砌块（B06级） 表3-28

各层材料名称	厚度(mm)	导热系数[W/(m·K)]	修正系数	修正后导热系数[W/(m·K)]	蓄热系数[W/(m²·K)]	修正后蓄热系数[W/(m²·K)]	热阻值[(m²·K)/W]	热惰性指标
外墙饰面	0	—	—	—	—	—	—	—
聚合物水泥石灰砂浆	20	0.930	1.0	0.930	11.370	11.370	0.022	0.245
界面剂	0	—	—	—	—	—	—	—
砂加气混凝土砌块墙体(B06级)	240	0.160	1.25	0.200	3.280	4.100	1.200	4.920
界面剂	0	—	—	—	—	—	—	—

各层材料名称	厚度(mm)	导热系数[W/(m·K)]	修正系数	修正后导热系数[W/(m·K)]	蓄热系数[W/(m²·K)]	修正后蓄热系数[W/(m²·K)]	热阻值[(m²·K)/W]	热惰性指标
聚合物水泥石灰砂浆	20	0.930	1.0	0.930	11.370	11.370	0.022	0.245
合计	280	—	—	—	—	—	1.146	5.41

墙主体传热阻[(m²·K)/W]	$R_0 = R_i + \sum R + R_e = 1.393$ 　　注：R_i 取 0.11，R_e 取 0.04
墙主体传热系数[W/(m²·K)]	$K = 1/R_0 = 0.718$

省标居建 4.2.12 条的要求	体形系数≤0.40		$D\leqslant 2.5$	$2.5<D\leqslant 3.0$	$D>3.0$
		北区	$K\leqslant 1.0$	$K\leqslant 1.2$	$K\leqslant 1.5$
		南区	$K\leqslant 1.2$	$K\leqslant 1.5$	$K\leqslant 1.8$
	体形系数>0.40		$D\leqslant 2.5$	$2.5<D\leqslant 3.0$	$D>3.0$
		北区	$K\leqslant 0.8$	$K\leqslant 1.0$	$K\leqslant 1.2$
		南区	$K\leqslant 1.0$	$K\leqslant 1.2$	$K\leqslant 1.5$

3.3.4 住宅和公建：内外保温设计

外墙内外保温 200mm 钢筋混凝土＋45mm（外）无机保温

砂浆 B 型＋30mm（内）无机保温砂浆 C 型　　　表 3-29

各层材料名称	厚度(mm)	导热系数[W/(m·K)]	修正系数	修正后导热系数[W/(m·K)]	蓄热系数[W/(m²·K)]	修正后蓄热系数[W/(m²·K)]	热阻值[(m²·K)/W]	热惰性指标
外墙饰面	0	—	—	—	—	—	—	—
抗裂砂浆（网格布）	5	0.930	1.0	0.930	11.311	11.311	0.005	0.061
无机保温砂浆 B 型	45	0.085	1.25	0.106	1.500	1.875	0.424	0.794
界面剂	0	—	—	—	—	—	—	—
钢筋混凝土墙体	200	1.740	1.0	1.740	17.200	17.200	0.115	1.977
界面剂	0	—	—	—	—	—	—	—

各层材料名称	厚度(mm)	导热系数[W/(m·K)]	修正系数	修正后导热系数[W/(m·K)]	蓄热系数[W/(m²·K)]	修正后蓄热系数[W/(m²·K)]	热阻值[(m²·K)/W]	热惰性指标
无机保温砂浆 C 型	30	0.070	1.25	0.088	1.200	1.500	0.343	0.514
抗裂砂浆（网格布）	5	0.930	1.0	0.930	11.311	11.311	0.005	0.061
合计	285	—	—	—	—	—	0.892	3.407
墙主体传热阻[(m²·K)/W]	$R_0 = R_i + \sum R + R_e = 1.042$　注：R_i 取 0.11，R_e 取 0.04							
墙主体传热系数[W/(m²·K)]	$K = 1/R_0 = 0.960$							

保温材料厚度不变，砌体更换时，外墙热工参数（砌体厚度不变）

砌体材料	非黏土多孔砖	砂加气混凝土砌块（B07 级）	砂加气混凝土砌块（B06 级）	陶粒混凝土复合砌块
传热系数 K	0.786	0.551	0.519	0.501
热阻 R_0	1.272	1.816	1.927	1.997
热惰性指标 D	4.161	5.419	5.530	5.571

省标居建 4.2.12 条的要求	体形系数 ≤0.40		$D≤2.5$	$2.5<D≤3.0$	$D>3.0$
		北区	$K≤1.0$	$K≤1.2$	$K≤1.5$
		南区	$K≤1.2$	$K≤1.5$	$K≤1.8$
	体形系数 >0.40		$D≤2.5$	$2.5<D≤3.0$	$D>3.0$
		北区	$K≤0.8$	$K≤1.0$	$K≤1.2$
		南区	$K≤1.0$	$K≤1.2$	$K≤1.5$
国标公建的 3.3.1 条文的要求	甲类公建 $D≤2.5$，$K≤0.6$				
	甲类公建 $D>2.5$，$K≤0.8$				
国标公建的 3.3.2 条文的要求	乙类公建 $K≤1.0$				

外墙内外保温 240mm 钢筋混凝土＋40mm（外）无机保温砂浆 B 型＋30mm（内）无机保温砂浆 C 型　　表 3-30

各层材料名称	厚度(mm)	导热系数[W/(m·K)]	修正系数	修正后导热系数[W/(m·K)]	蓄热系数[W/(m²·K)]	修正后蓄热系数[W/(m²·K)]	热阻值[(m²·K)/W]	热惰性指标
外墙饰面	0	—	—	—	—	—	—	—
抗裂砂浆（网格布）	5	0.930	1.0	0.930	11.311	11.311	0.005	0.061

各层材料名称	厚度 (mm)	导热系数 [W/(m·K)]	修正系数	修正后导热系数 [W/(m·K)]	蓄热系数 [W/(m²·K)]	修正后蓄热系数 [W/(m²·K)]	热阻值 [(m²·K)/W]	热惰性指标
无机保温砂浆 B 型	40	0.085	1.25	0.106	1.500	1.875	0.376	0.706
界面剂	0	—	—	—	—	—	—	—
钢筋混凝土墙体	240	1.740	1.0	1.740	17.200	17.200	0.138	2.372
界面剂	0	—	—	—	—	—	—	—
无机保温砂浆 C 型	30	0.070	1.25	0.088	1.200	1.500	0.343	0.514
抗裂砂浆（网格布）	5	0.930	1.0	0.930	11.311	11.311	0.005	0.061
合计	320	—	—	—	—	—	0.868	3.714

墙主体传热阻 [(m²·K)/W]	$R_0 = R_i + \sum R + R_e = 1.018$	注：R_i 取 0.11，R_e 取 0.04
墙主体传热系数 [W/(m²·K)]	$K = 1/R_0 = 0.982$	

保温材料厚度不变，砌体更换时，外墙热工参数（砌体厚度不变）

砌体材料	非黏土多孔砖	砂加气混凝土砌块（B07 级）	砂加气混凝土砌块（B06 级）	陶粒混凝土复合砌块
传热系数 K	0.773	0.514	0.481	0.462
热阻 R_0	1.294	1.947	2.080	2.164
热惰性指标 D	4.619	6.128	6.262	6.311

省标居建 4.2.12 条的要求	体形系数 ≤0.40		$D≤2.5$	$2.5<D≤3.0$	$D>3.0$
		北区	$K≤1.0$	$K≤1.2$	$K≤1.5$
		南区	$K≤1.2$	$K≤1.5$	$K≤1.8$
	体形系数 >0.40		$D≤2.5$	$2.5<D≤3.0$	$D>3.0$
		北区	$K≤0.8$	$K≤1.0$	$K≤1.2$
		南区	$K≤1.0$	$K≤1.2$	$K≤1.5$

国标公建的 3.3.1 条文的要求	甲类公建 $D≤2.5$，$K≤0.6$
	甲类公建 $D>2.5$，$K≤0.8$
国标公建的 3.3.2 条文的要求	乙类公建 $K≤1.0$

外墙内外保温 200mm 非黏土多孔砖＋30mm（外）无机保温砂浆 B 型＋20mm（内）无机保温砂浆 C 型　　表 3-31

各层材料名称	厚度(mm)	导热系数[W/(m·K)]	修正系数	修正后导热系数[W/(m·K)]	蓄热系数[W/(m²·K)]	修正后蓄热系数[W/(m²·K)]	热阻值[(m²·K)/W]	热惰性指标
外墙饰面	0	—	—	—	—	—	—	—
抗裂砂浆（网格布）	5	0.930	1.0	0.930	11.311	11.311	0.005	0.061
无机保温砂浆 B 型	30	0.085	1.25	0.106	1.500	1.875	0.282	0.529
界面剂	0	—	—	—	—	—	—	—
非黏土多孔砖	200	0.580	1.0	0.580	7.920	7.920	0.345	2.731
界面剂	0	—	—	—	—	—	—	—
无机保温砂浆 C 型	20	0.070	1.25	0.088	1.200	1.500	0.229	0.343
抗裂砂浆（网格布）	5	0.930	1.0	0.930	11.311	11.311	0.005	0.061
合计	255	—	—	—	—	—	0.867	3.725
墙主体传热阻[(m²·K)/W]		$R_0 = R_i + \sum R + R_e = 1.017$			注：R_i 取 0.11，R_e 取 0.04			
墙主体传热系数[W/(m²·K)]		$K = 1/R_0 = 0.984$						

保温材料厚度不变，砌体更换时，外墙热工参数（砌体厚度不变）

砌体材料	钢筋混凝土墙体	砂加气混凝土砌块（B07 级）	砂加气混凝土砌块（B06 级）	陶粒混凝土复合砌块
传热系数 K	1.271	0.641	0.598	0.574
热阻 R_0	0.787	1.561	1.672	1.741
热惰性指标 D	2.971	4.983	5.094	5.135

省标居建 4.2.12 条的要求	体形系数≤0.40		$D≤2.5$	$2.5<D≤3.0$	$D>3.0$
		北区	$K≤1.0$	$K≤1.2$	$K≤1.5$
		南区	$K≤1.2$	$K≤1.5$	$K≤1.8$
	体形系数>0.40		$D≤2.5$	$2.5<D≤3.0$	$D>3.0$
		北区	$K≤0.8$	$K≤1.0$	$K≤1.2$
		南区	$K≤1.0$	$K≤1.2$	$K≤1.5$

国标公建的 3.3.1 条文的要求	甲类公建 $D≤2.5$，$K≤0.6$
	甲类公建 $D>2.5$，$K≤0.8$
国标公建的 3.3.2 条文的要求	乙类公建 $K≤1.0$

外墙内外保温 240mm 非黏土多孔砖＋25mm（外）无机保温
砂浆 B 型＋20mm（内）无机保温砂浆 C 型　　表 3-32

各层材料名称	厚度 (mm)	导热系数 [W/(m·K)]	修正系数	修正后导热系数 [W/(m·K)]	蓄热系数 [W/(m²·K)]	修正后蓄热系数 [W/(m²·K)]	热阻值 [(m²·K)/W]	热惰性指标
外墙饰面	0	—	—	—	—	—	—	—
抗裂砂浆（网格布）	5	0.930	1.0	0.930	11.311	11.311	0.005	0.061
无机保温砂浆 B 型	25	0.085	1.25	0.106	1.500	1.875	0.235	0.441
界面剂	0	—	—	—	—	—	—	—
非黏土多孔砖	240	0.580	1.0	0.580	7.920	7.920	0.414	3.277
界面剂	0	—	—	—	—	—	—	—
无机保温砂浆 C 型	20	0.070	1.25	0.088	1.200	1.500	0.229	0.343
抗裂砂浆（网格布）	5	0.930	1.0	0.930	11.311	11.311	0.005	0.061
合计	295	—	—	—	—	—	0.888	4.183
墙主体传热阻 [(m²·K)/W]	$R_0 = R_i + \sum R + R_e = 1.038$				注：R_i 取 0.11，R_e 取 0.04			
墙主体传热系数 [W/(m²·K)]	$K = 1/R_0 = 0.963$							

保温材料厚度不变，砌体更换时，外墙热工参数（砌体厚度不变）

砌体材料	钢筋混凝土墙体	砂加气混凝土砌块（B07 级）	砂加气混凝土砌块（B06 级）	陶粒混凝土复合砌块
传热系数 K	1.311	0.591	0.548	0.524
热阻 R_0	0.763	1.691	1.825	1.908
热惰性指标 D	3.278	5.692	5.826	5.875

省标居建 4.2.12 条的要求	体形系数 ≤0.40		$D \leqslant 2.5$	$2.5 < D \leqslant 3.0$	$D > 3.0$
		北区	$K \leqslant 1.0$	$K \leqslant 1.2$	$K \leqslant 1.5$
		南区	$K \leqslant 1.2$	$K \leqslant 1.5$	$K \leqslant 1.8$
	体形系数 >0.40		$D \leqslant 2.5$	$2.5 < D \leqslant 3.0$	$D > 3.0$
		北区	$K \leqslant 0.8$	$K \leqslant 1.0$	$K \leqslant 1.2$
		南区	$K \leqslant 1.0$	$K \leqslant 1.2$	$K \leqslant 1.5$
国标公建的 3.3.1 条文的要求	甲类公建 $D \leqslant 2.5$，$K \leqslant 0.6$				
	甲类公建 $D > 2.5$，$K \leqslant 0.8$				
国标公建的 3.3.2 条文的要求	乙类公建 $K \leqslant 1.0$				

外墙内外保温 200mm 非黏土多孔砖＋45mm（外）无机保温
砂浆 B 型＋30mm（内）无机保温砂浆 C 型　　　表 3-33

各层材料名称	厚度 (mm)	导热系数 [W/(m·K)]	修正系数	修正后导热系数 [W/(m·K)]	蓄热系数 [W/(m²·K)]	修正后蓄热系数 [W/(m²·K)]	热阻值 [(m²·K)/W]	热惰性指标
外墙饰面	0	—	—	—	—	—	—	—
抗裂砂浆（网格布）	5	0.930	1.0	0.930	11.311	11.311	0.005	0.061
无机保温砂浆 B 型	45	0.085	1.25	0.106	1.500	1.875	0.424	0.794
界面剂	0	—	—	—	—	—	—	—
非黏土多孔砖	200	0.580	1.0	0.580	7.920	7.920	0.345	2.731
界面剂	0	—	—	—	—	—	—	—
无机保温砂浆 C 型	30	0.070	1.25	0.088	1.200	1.500	0.343	0.514
抗裂砂浆（网格布）	5	0.930	1.0	0.930	11.311	11.311	0.005	0.061
合计	285	—	—	—	—	—	1.122	4.161
墙主体传热阻 [(m²·K)/W]	$R_0 = R_i + \sum R + R_e = 1.272$				注：R_i 取 0.11，R_e 取 0.04			
墙主体传热系数 [W/(m²·K)]	$K = 1/R_0 = 0.786$							

保温材料厚度不变，砌体更换时，外墙热工参数（砌体厚度不变）

砌体材料	钢筋混凝土墙体	砂加气混凝土砌块（B07 级）	砂加气混凝土砌块（B06 级）	陶粒混凝土复合砌块
传热系数 K	0.84	0.55	0.50	0.49
热阻 R_0	1.190	1.810	1.994	2.032
热惰性指标 D	3.47	5.08	5.59	5.30
省标居建 4.2.12 条的要求	体形系数 ≤0.40		$D \leqslant 2.5$ $2.5 < D \leqslant 3.0$ $D > 3.0$		
		北区	$K \leqslant 1.0$	$K \leqslant 1.2$	$K \leqslant 1.5$
		南区	$K \leqslant 1.2$	$K \leqslant 1.5$	$K \leqslant 1.8$
	体形系数 >0.40		$D \leqslant 2.5$ $2.5 < D \leqslant 3.0$ $D > 3.0$		
		北区	$K \leqslant 0.8$	$K \leqslant 1.0$	$K \leqslant 1.2$
		南区	$K \leqslant 1.0$	$K \leqslant 1.2$	$K \leqslant 1.5$
国标公建的 3.3.1 条文的要求	甲类公建 $D \leqslant 2.5$，$K \leqslant 0.6$				
	甲类公建 $D > 2.5$，$K \leqslant 0.8$				
国标公建的 3.3.2 条文的要求	乙类公建 $K \leqslant 1.0$				

外墙内外保温 240mm 非黏土多孔砖＋40mm（外）无机保温
砂浆 B 型＋30mm（内）无机保温砂浆 C 型　　表 3-34

各层材料名称	厚度(mm)	导热系数[W/(m·K)]	修正系数	修正后导热系数[W/(m·K)]	蓄热系数[W/(m²·K)]	修正后蓄热系数[W/(m²·K)]	热阻值[(m²·K)/W]	热惰性指标
外墙饰面	0	—	—	—	—	—	—	—
抗裂砂浆（网格布）	5	0.930	1.0	0.930	11.311	11.311	0.005	0.061
无机保温砂浆 B 型	40	0.085	1.25	0.106	1.500	1.875	0.376	0.706
界面剂	0	—	—	—	—	—	—	—
非黏土多孔砖	240	0.580	1.0	0.580	7.920	7.920	0.414	3.277
界面剂	0	—	—	—	—	—	—	—
无机保温砂浆 C 型	30	0.070	1.25	0.088	1.200	1.500	0.343	0.514
抗裂砂浆（网格布）	5	0.930	1.0	0.930	11.311	11.311	0.005	0.061
合计	320	—	—	—	—	—	1.144	4.619
墙主体传热阻[(m²·K)/W]	$R_0 = R_i + \sum R + R_e = 1.294$				注：R_i 取 0.11，R_e 取 0.04			
墙主体传热系数[W/(m²·K)]	$K = 1/R_0 = 0.773$							

保温材料厚度不变，砌体更换时，外墙热工参数（砌体厚度不变）

砌体材料	钢筋混凝土墙体	砂加气混凝土砌块（B07 级）	砂加气混凝土砌块（B06 级）	陶粒混凝土复合砌块
传热系数 K	0.982	0.514	0.481	0.462
热阻 R_0	1.018	1.947	2.080	2.164
热惰性指标 D	3.714	6.128	6.262	6.311
省标居建 4.2.12 条的要求	体形系数≤0.40	北区	$D \leqslant 2.5$ $K \leqslant 1.0$	$2.5 < D \leqslant 3.0$ $K \leqslant 1.2$	$D > 3.0$ $K \leqslant 1.5$
		南区	$K \leqslant 1.2$	$K \leqslant 1.5$	$K \leqslant 1.8$
	体形系数>0.40	北区	$D \leqslant 2.5$ $K \leqslant 0.8$	$2.5 < D \leqslant 3.0$ $K \leqslant 1.0$	$D > 3.0$ $K \leqslant 1.2$
		南区	$K \leqslant 1.0$	$K \leqslant 1.2$	$K \leqslant 1.5$
国标公建的 3.3.1 条文的要求	甲类公建 $D \leqslant 2.5$，$K \leqslant 0.6$			
	甲类公建 $D > 2.5$，$K \leqslant 0.8$			
国标公建的 3.3.2 条文的要求	乙类公建 $K \leqslant 1.0$			

3.4 公共建筑常见做法

3.4.1 公建：外保温设计

外墙外保温 200mm 钢筋混凝土＋35mm 保温棉　表 3-35

各层材料名称	厚度(mm)	导热系数[W/(m·K)]	修正系数	修正后导热系数[W/(m·K)]	蓄热系数[W/(m²·K)]	修正后蓄热系数[W/(m²·K)]	热阻值[(m²·K)/W]	热惰性指标
幕墙	0	—	—	—	—	—	—	—
空气间层(100mm)	100	—	—	—	—	—	0.180	—
防水透气层	0	—	—	—	—	—	—	—
保温棉	35	0.044	1.3	0.057	0.750	0.975	0.612	0.597
钢筋混凝土墙体	200	1.740	1.0	1.740	17.200	17.200	0.115	1.977
混合砂浆	20	0.870	1.0	0.870	10.750	10.750	0.023	0.247
合计	355	—	—	—	—	—	0.930	2.821
墙主体传热阻[(m²·K)/W]	$R_0 = R_i + \sum R + R_e = 1.080$					注：R_i 取 0.11，R_e 取 0.04		
墙主体传热系数[W/(m²·K)]	$K = 1/R_0 = 0.926$							

保温材料厚度不变，砌体更换时，外墙热工参数（砌体厚度不变）

砌体材料	非黏土多孔砖	砂加气混凝土砌块（B07级）	砂加气混凝土砌块（B06级）	陶粒混凝土复合砌块
传热系数 K	0.764	0.539	0.509	0.492
热阻 R_0	1.310	1.854	1.965	2.034
热惰性指标 D	3.575	4.833	4.944	4.985
国标公建的 3.3.1 条文的要求	甲类公建 $D \leqslant 2.5$，$K \leqslant 0.6$			
	甲类公建 $D > 2.5$，$K \leqslant 0.8$			
国标公建的 3.3.2 条文的要求	乙类公建 $K \leqslant 1.0$			

外墙外保温 240mm 钢筋混凝土＋30mm 保温棉　表 3-36

各层材料名称	厚度(mm)	导热系数[W/(m·K)]	修正系数	修正后导热系数[W/(m·K)]	蓄热系数[W/(m²·K)]	修正后蓄热系数[W/(m²·K)]	热阻值[(m²·K)/W]	热惰性指标
幕墙	0	—	—	—	—	—	—	—
空气间层(100mm)	100	—	—	—	—	—	0.180	—
防水透气层	0	—	—	—	—	—	—	—
保温棉	30	0.044	1.3	0.057	0.750	0.975	0.524	0.511
钢筋混凝土墙体	240	1.740	1.0	1.740	17.200	17.200	0.138	2.372
混合砂浆	20	0.870	1.0	0.870	10.750	10.750	0.023	0.247
合计	390	—	—	—	—	—	0.865	3.131
墙主体传热阻[(m²·K)/W]								

墙主体传热阻 [(m²·K)/W]： $R_0 = R_i + \sum R + R_e = 1.015$　注：R_i 取 0.11，R_e 取 0.04

墙主体传热系数 [W/(m²·K)]： $K = 1/R_0 = 0.985$

保温材料厚度不变，砌体更换时，外墙热工参数（砌体厚度不变）

砌体材料	非黏土多孔砖	砂加气混凝土砌块（B07级）	砂加气混凝土砌块（B06级）	陶粒混凝土复合砌块
传热系数 K	0.774	0.514	0.481	0.463
热阻 R_0	1.291	1.944	2.077	2.161
热惰性指标 D	4.036	5.545	5.678	5.728
国标公建的 3.3.1 条文的要求	甲类公建 D≤2.5，K≤0.6			
	甲类公建 D>2.5，K≤0.8			
国标公建的 3.3.2 条文的要求	乙类公建 K≤1.0			

外墙外保温 200mm 钢筋混凝土＋45mm 保温棉　表 3-37

各层材料名称	厚度(mm)	导热系数[W/(m·K)]	修正系数	修正后导热系数[W/(m·K)]	蓄热系数[W/(m²·K)]	修正后蓄热系数[W/(m²·K)]	热阻值[(m²·K)/W]	热惰性指标
幕墙	0	—	—	—	—	—	—	—
空气间层(100mm)	100	—	—	—	—	—	0.180	—

续表

各层材料名称	厚度(mm)	导热系数[W/(m·K)]	修正系数	修正后导热系数[W/(m·K)]	蓄热系数[W/(m²·K)]	修正后蓄热系数[W/(m²·K)]	热阻值[(m²·K)/W]	热惰性指标
防水透气层	0	—	—	—	—	—	—	—
保温棉	45	0.044	1.3	0.057	0.750	0.975	0.787	0.767
钢筋混凝土墙体	200	1.740	1.0	1.740	17.200	17.200	0.115	1.977
混合砂浆	20	0.870	1.0	0.870	10.750	10.750	0.023	0.247
合计	365	—	—	—	—	—	1.105	2.991
墙主体传热阻[(m²·K)/W]	$R_0 = R_i + \Sigma R + R_e = 1.255$					注：R_i 取 0.11，R_e 取 0.04		
墙主体传热系数[W/(m²·K)]	$K = 1/R_0 = 0.797$							

保温材料厚度不变，砌体更换时，外墙热工参数（砌体厚度不变）

砌体材料	非黏土多孔砖	砂加气混凝土砌块（B07级）	砂加气混凝土砌块（B06级）	陶粒混凝土复合砌块
传热系数 K	0.674	0.493	0.467	0.453
热阻 R_0	1.485	2.029	2.140	2.209
热惰性指标 D	3.745	5.003	5.114	5.155
国标公建的 3.3.1 条文的要求	甲类公建 $D \leqslant 2.5$，$K \leqslant 0.6$			
	甲类公建 $D > 2.5$，$K \leqslant 0.8$			
国标公建的 3.3.2 条文的要求	乙类公建 $K \leqslant 1.0$			

外墙外保温 240mm 钢筋混凝土＋45mm 保温棉　　表 3-38

各层材料名称	厚度(mm)	导热系数[W/(m·K)]	修正系数	修正后导热系数[W/(m·K)]	蓄热系数[W/(m²·K)]	修正后蓄热系数[W/(m²·K)]	热阻值[(m²·K)/W]	热惰性指标
幕墙	0	—	—	—	—	—	—	—
空气间层（100mm）	100	—	—	—	—	—	0.180	—
防水透气层	0	—	—	—	—	—	—	—
保温棉	45	0.044	1.3	0.057	0.750	0.975	0.787	0.767
钢筋混凝土墙体	240	1.740	1.0	1.740	17.200	17.200	0.138	2.372

续表

各层材料名称	厚度(mm)	导热系数[W/(m·K)]	修正系数	修正后导热系数[W/(m·K)]	蓄热系数[W/(m²·K)]	修正后蓄热系数[W/(m²·K)]	热阻值[(m²·K)/W]	热惰性指标
混合砂浆	20	0.870	1.0	0.870	10.750	10.750	0.023	0.247
合计	405	—	—	—	—	—	1.128	3.387
墙主体传热阻[(m²·K)/W]								
墙主体传热系数[W/(m²·K)]								

墙主体传热阻 [(m²·K)/W]: $R_0=R_i+\sum R+R_e=1.278$ 注：R_i 取 0.11，R_e 取 0.04

墙主体传热系数 [W/(m²·K)]: $K=1/R_0=0.783$

保温材料厚度不变，砌体更换时，外墙热工参数（砌体厚度不变）

砌体材料	非黏土多孔砖	砂加气混凝土砌块（B07级）	砂加气混凝土砌块（B06级）	陶粒混凝土复合砌块
传热系数 K	0.644	0.453	0.427	0.413
热阻 R_0	1.553	2.206	2.340	2.423
热惰性指标 D	4.291	5.801	5.934	5.984
国标公建的 3.3.1 条文的要求	甲类公建 $D\leqslant2.5$，$K\leqslant0.6$			
	甲类公建 $D>2.5$，$K\leqslant0.8$			
国标公建的 3.3.2 条文的要求	乙类公建 $K\leqslant1.0$			

外墙外保温 200mm 钢筋混凝土＋70mm 保温棉　表 3-39

各层材料名称	厚度(mm)	导热系数[W/(m·K)]	修正系数	修正后导热系数[W/(m·K)]	蓄热系数[W/(m²·K)]	修正后蓄热系数[W/(m²·K)]	热阻值[(m²·K)/W]	热惰性指标
幕墙	0	—	—	—	—	—	—	—
空气间层（100mm）	100	—	—	—	—	—	0.180	—
防水透气层	0	—	—	—	—	—	—	—
保温棉	70	0.044	1.3	0.057	0.750	0.975	1.224	1.193
钢筋混凝土墙体	200	1.740	1.0	1.740	17.200	17.200	0.115	1.977
混合砂浆	20	0.870	1.0	0.870	10.750	10.750	0.023	0.247

续表

各层材料名称	厚度(mm)	导热系数[W/(m·K)]	修正系数	修正后导热系数[W/(m·K)]	蓄热系数[W/(m²·K)]	修正后蓄热系数[W/(m²·K)]	热阻值[(m²·K)/W]	热惰性指标
合计	390	—	—	—	—	—	1.542	3.417
墙主体传热阻[(m²·K)/W]								

墙主体传热阻[(m²·K)/W]	$R_0=R_i+\sum R+R_e=1.692$	注：R_i 取 0.11，R_e 取 0.04
墙主体传热系数[W/(m²·K)]	$K=1/R_0=0.591$	

保温材料厚度不变，砌体更换时，外墙热工参数（砌体厚度不变）

砌体材料	非黏土多孔砖	砂加气混凝土砌块（B07 级）	砂加气混凝土砌块（B06 级）	陶粒混凝土复合砌块
传热系数 K	0.520	0.406	0.388	0.378
热阻 R_0	1.922	2.466	2.577	2.646
热惰性指标 D	4.171	5.429	5.540	5.581
国标公建的 3.3.1 条文的要求	甲类公建 $D\leqslant2.5$，$K\leqslant0.6$			
	甲类公建 $D>2.5$，$K\leqslant0.8$			
国标公建的 3.3.2 条文的要求	乙类公建 $K\leqslant1.0$			

外墙外保温 240mm 钢筋混凝土＋70mm 保温棉　　表 3-40

各层材料名称	厚度(mm)	导热系数[W/(m·K)]	修正系数	修正后导热系数[W/(m·K)]	蓄热系数[W/(m²·K)]	修正后蓄热系数[W/(m²·K)]	热阻值[(m²·K)/W]	热惰性指标
幕墙	0	—	—	—	—	—	—	—
空气间层(100mm)	100	—	—	—	—	—	0.180	—
防水透气层	0	—	—	—	—	—	—	—
保温棉	70	0.044	1.3	0.057	0.750	0.975	1.224	1.193
钢筋混凝土墙体	240	1.740	1.0	1.740	17.200	17.200	0.138	2.372
混合砂浆	20	0.870	1.0	0.870	10.750	10.750	0.023	0.247
合计	430	—	—	—	—	—	1.565	3.813
墙主体传热阻[(m²·K)/W]								

墙主体传热阻[(m²·K)/W]	$R_0=R_i+\sum R+R_e=1.715$	注：R_i 取 0.11，R_e 取 0.04

续表

各层材料名称	厚度(mm)	导热系数[W/(m·K)]	修正系数	修正后导热系数[W/(m·K)]	蓄热系数[W/(m²·K)]	修正后蓄热系数[W/(m²·K)]	热阻值[(m²·K)/W]	热惰性指标
墙主体传热系数[W/(m²·K)]					$K=1/R_0=0.583$			

保温材料厚度不变，砌体更换时，外墙热工参数（砌体厚度不变）

砌体材料	非黏土多孔砖	砂加气混凝土砌块（B07级）	砂加气混凝土砌块（B06级）	陶粒混凝土复合砌块
传热系数 K	0.502	0.378	0.360	0.350
热阻 R_0	1.991	2.643	2.777	2.860
热惰性指标 D	4.718	6.227	6.360	6.410
国标公建的 3.3.1 条文的要求	甲类公建 $D≤2.5$，$K≤0.6$			
	甲类公建 $D>2.5$，$K≤0.8$			
国标公建的 3.3.2 条文的要求	乙类公建 $K≤1.0$			

3.4.2 公建：地下室外墙参考做法

地下室外墙外保温：300mm 钢筋混凝土＋35mm 挤塑聚苯板

表 3-41

各层材料名称	厚度(mm)	导热系数[W/(m·K)]	修正系数	修正后导热系数[W/(m·K)]	蓄热系数[W/(m²·K)]	修正后蓄热系数[W/(m²·K)]	热阻值[(m²·K)/W]	热惰性指标
回填土	0	—	—	—	—	—	—	—
隔离层	0	—	—	—	—	—	—	—
挤塑聚苯板	35	0.030	1.1	0.033	0.360	0.396	1.061	0.420
地下室防水层	0	—	—	—	—	—	—	—
水泥砂浆	20	0.930	1.0	0.930	11.370	11.370	0.022	0.245
钢筋混凝土墙体	300	1.740	1.0	1.740	17.200	17.200	0.172	2.966
混合砂浆	20	0.870	1.0	0.870	10.750	10.750	0.023	0.247
合计	375	—	—	—	—	—	1.278	3.878
墙主体热阻[(m²·K)/W]				$R=\sum R=1.278$				

地下室外墙外保温：300mm 钢筋混凝土＋55mm 模塑聚苯板 表 3-42

各层材料名称	厚度 (mm)	导热系数 [W/(m·K)]	修正系数	修正后导热系数 [W/(m·K)]	蓄热系数 [W/(m²·K)]	修正后蓄热系数 [W/(m²·K)]	热阻值 [(m²·K)/W]	热惰性指标
回填土	0	—	—	—	—	—	—	—
隔离层	0	—	—	—	—	—	—	—
模塑聚苯板	50	0.041	1.2	0.049	0.290	0.348	1.016	0.354
地下室防水层	0	—	—	—	—	—	—	—
水泥砂浆	20	0.930	1.0	0.930	11.370	11.370	0.022	0.245
钢筋混凝土墙体	300	1.740	1.0	1.740	17.200	17.200	0.172	2.966
混合砂浆	20	0.870	1.0	0.870	10.750	10.750	0.023	0.247
合计	395						1.233	3.847
墙主体热阻 [(m²·K)/W]	$R=\sum R=1.233$							

3.5 常用材料变更比较

常用围护结构热工性能比较 表 3-43

材料名称	导热系数 [W/(m·K)]	修正系数	钢筋混凝土	非黏土多孔砖	砂加气混凝土砌块（B07级）	砂加气混凝土砌块（B06级）	陶粒混凝土复合砌块
钢筋混凝土墙	1.74	1.0	—	33.33%	12.93%	11.49%	10.75%
非黏土多孔砖	0.58	1.0	300.00%	—	38.79%	34.48%	32.24%
砂加气混凝土砌块（B07级）	0.18	1.25	773.33%	257.78%	—	88.89%	83.11%
砂加气混凝土砌块（B06级）	0.16	1.25	870.00%	290.00%	112.50%	—	93.50%
陶粒混凝土复合砌块	0.17	1.1	930.48%	310.16%	120.32%	106.95%	—

相同厚度下，常用保温材料热工性能比较　　表 3-44

材料名称	导热系数〔W/(m·K)〕	修正系数	无机保温砂浆 C 型	无机保温砂浆 B 型	保温棉	胶粉聚苯颗粒	模塑聚苯板	聚氨酯泡沫塑料
无机保温砂浆 C 型	0.07	1.25	—	121.43%	65.37%	82.29%	56.23%	32.91%
无机保温砂浆 B 型	0.085	1.25	82.35%	—	53.84%	67.76%	46.31%	27.11%
保温棉	0.044	1.3	152.97%	185.75%	—	125.87%	86.01%	50.35%
胶粉聚苯颗粒	0.06	1.2	121.53%	147.57%	79.44%	—	68.33%	40.00%
模塑聚苯板	0.041	1.2	177.85%	215.96%	116.26%	146.34%	—	58.54%
聚氨酯泡沫塑料	0.024	1.2	303.82%	368.92%	198.61%	250.00%	170.83%	—
挤塑聚苯板	0.030	1.1	挤塑聚苯板通常仅在地下室外墙使用，故不与其他保温材料作详细比较					

相同热工性能下，与无机保温砂浆 C 型厚度换算（mm）

表 3-45

无机保温砂浆 C 型	15	20	25	30	35	40	50
无机保温砂浆 B 型	19	25	31	37	43	49	61
保温棉	10	14	17	20	23	27	33
聚氨酯泡沫塑料	5	7	9	10	12	14	17
胶粉聚苯颗粒	13	17	21	25	29	33	42
模塑聚苯板	9	12	15	17	20	23	29

相同热工性能下，与无机保温砂浆 B 型厚度换算（mm）

表 3-46

无机保温砂浆 B 型	15	20	25	30	35	40	50
无机保温砂浆 C 型	13	17	21	25	29	33	42
保温棉	9	11	14	17	19	22	27
聚氨酯泡沫塑料	5	6	7	9	10	11	14
胶粉聚苯颗粒	11	14	17	21	24	28	34
模塑聚苯板	7	10	12	14	17	19	24

相同热工性能下，与保温棉厚度换算（mm） 表 3-47

保温棉	15	20	25	30	35	40	50
无机保温砂浆 C 型	23	31	39	46	—	—	—
无机保温砂浆 B 型	28	38	47	—	—	—	—
聚氨酯泡沫塑料	8	11	13	16	18	21	26
胶粉聚苯颗粒	19	26	32	38	45	51	63
模塑聚苯板	13	18	22	26	31	35	43

相同热工性能下，与聚氨酯泡沫塑料厚度换算（mm） 表 3-48

聚氨酯泡沫塑料	15	20	25	30	35	40	50
无机保温砂浆 C 型	46	61	76	—	—	—	—
无机保温砂浆 B 型	56	74	—	—	—	—	—
保温棉	30	40	50	60	70	80	100
胶粉聚苯颗粒	38	50	63	75	88	100	—
模塑聚苯板	26	35	43	52	60	69	86

相同热工性能下，与胶粉聚苯颗粒厚度换算（mm） 表 3-49

胶粉聚苯颗粒	15	20	25	30	35	40	50
无机保温砂浆 C 型	19	25	31	37	43	49	61
无机保温砂浆 B 型	23	30	37	45	52	60	74
保温棉	12	16	20	24	28	32	40
聚氨酯泡沫塑料	6	8	10	12	14	16	20
模塑聚苯板	11	14	18	21	24	28	35

相同热工性能下，与模塑聚苯板厚度换算（mm） 表 3-50

模塑聚苯板	15	20	25	30	35	40	504
无机保温砂浆 C 型	27	36	45	54	63	72	—
无机保温砂浆 B 型	33	44	54	65	76	—	—
保温棉	18	24	30	35	41	47	59
聚氨酯泡沫塑料	9	12	15	18	21	24	30
胶粉聚苯颗粒	22	30	37	44	52	59	74

3.6 外墙节能设计防火要求

防火隔离带规程的条文规定 表 3-51

保温材料燃烧性能	宽度	厚度
应为 A 级	不应小于 300mm	宜与外墙外保温系统厚度相同

注：常见水平防火隔离带材料为无机轻集料保温砂浆。

《建筑设计防火规范》GB 50016—2014
第 6.7.1、6.7.4、6.7.11、6.7.12 条文规定 表 3-52

保温材料燃烧性能	A 级	B1 级	B2 级	B3 级
外保温	宜采用；人员密集场所为应采用	—	不宜采用	严禁采用
内保温	宜采用	—	不宜采用	严禁采用
电气线路	设置开关、插座等电器配件的部位周围应采用	不应穿越或敷设。确需穿越或敷设时，应进行防火隔离	—	
装饰层	应采用	建筑高度不大于 50m 时，可采用	—	

《建筑设计防火规范》GB 50016—2014
第 6.7.2 条文规定 表 3-53

内保温	人员密集场所，用火、燃油、燃气等具有火灾危险性的场所以及各类建筑内的疏散楼梯间、避难走道、避难间、避难层等场所或部位	其他场所	采用燃烧性能为 B1 级的保温材料时，防护层厚度不应小于 10mm
保温材料燃烧性能要求	A 级	≥B1 且低烟、低毒	不燃防护层

《建筑设计防火规范》GB 50016—2014
第 6.7.3 条文规定 表 3-54

无空腔复合保温结构体（保温材料与两侧墙体构成）	结构体耐火极限	保温材料为 B1、B2 时
	应符合规范规定	两侧墙体应为不小于 50mm 的不燃材料

《建筑设计防火规范》GB 50016—2014 第 6.7.4、6.7.5、6.7.6、

6.7.7、6.7.8、6.7.9、6.7.12 条文规定　　　　表 3-55

建筑类型及保温形式		建筑高度 H（m）	保温材料燃烧性能	外墙门窗耐火完整性	防火隔离带宽度（mm）	不燃防护层厚度（mm）	防火封堵	外墙装饰层燃烧性能
人员密集场所建筑		任何高度	A	—	—	—	—	$H>50$，A $H≤50$，≥B1
无空腔（与基层墙体及装饰层之间）	住宅建筑	$H>100$	A	—	—	—	—	A
		$27<H≤100$	A	—	—	—	—	$H>50$，A $H≤50$，≥B1
			B1	0.5h	每层水平300	首层15其他层5	—	
		$H≤27$	A	—	—	—	—	≥B1
			B1	—	每层水平300	首层15其他层5	—	
			B2	0.5h				
	其他建筑（除住宅建筑和人员密集场所建筑外）	$H>50$	A	—	—	—	—	A
		$24<H≤50$	A	—	—	—	—	≥B1
			B1	0.5h	每层水平300	首层15其他层5	—	
		$H≤24$	A	—	—	—	—	≥B1
			B1	—	每层水平300	首层15其他层5	—	
			B2	0.5h				
有空腔（与基层墙体及装饰层之间）	民用建筑（除人员密集场所建筑外）	$H>24$	A	—	—	—	每层楼板处	$H>50$，A $H≤50$，≥B1
		$H≤24$	A	—	—	—	每层楼板处	≥B1
			B1	—	每层水平300	—	每层楼板处	≥B1

注：不燃防护层厚度——主要指类似薄抹灰外墙外保温系统。

常见燃烧性能应为 A 级的外墙保温材料：无机轻集料保温砂浆、保温棉（矿棉，岩棉，玻璃棉板、毡）、泡沫玻璃。

常见燃烧性能应为 B1 级的外墙保温材料：阻燃型模塑聚苯板、胶粉聚苯颗粒保温浆料、阻燃型聚氨酯。

常见不燃材料防护层：抗裂砂浆。

常见防火封堵材料：保温棉（矿棉，岩棉，玻璃棉毡）。

保温棉品种较多，具体参数详见附录 A。

3.7 外墙节能设计防水（防潮）要求

外墙防水规程的条文规定　　　　表 3-56

防水层要求	采用涂料或块材饰面时	防水层可采用聚合物水泥防水砂浆或普通防水砂浆
	采用幕墙饰面时	设在找平层上的防水层宜采用聚合物水泥防水砂浆、普通防水砂浆、聚合物水泥防水涂料、聚合物乳液防水涂料或聚氨酯防水涂料
	当外墙保温层选用矿物棉保温材料时	防水层宜采用防水透气膜

3.8 外墙节能设计厚度要求

中华人民共和国行业标准《外墙外保温工程技术规程》JGJ 144—2004 要求外墙外保温厚度需控制在 100mm 以内，而浙江省相关规定要求无机保温砂浆外保温厚度不宜大于 50mm。

3.9 注 意 措 施

相关参考文件　　　　表 3-57

60构造	国家建筑标准设计图集	《砖墙建筑构造》04J101；《墙体节能建筑构造》06J123；《公共建筑节能构造（夏热冬冷和夏热冬暖地区）》06J908—2；《既有建筑节能改造（一）》06J908—7；《外墙外保温建筑构造》10J121；《外墙内保温建筑构造》11J122；《夹心保温墙建筑构造》07J107
	浙江省建筑标准设计图集	《围护结构保温构造详图（一）（ZL保温系统）》2005浙J45；《外墙外保温构造详图（一）（无机轻集料聚合物保温砂浆系统）》2009浙J54；《陶粒混凝土砌块墙体建筑构造》2010浙J60

标准	中华人民共和国 国家标准	《建筑幕墙》GB/T 21086—2007； 《烧结保温砖和保温砌块》GB 26538—2011
	中华人民共和国 行业标准	《外墙外保温工程技术规程》JGJ 144—2004； 《外墙内保温工程技术规程》JGJ/T 261—2011； 《建筑外墙防水工程技术规程》JGJ/T 235—2011； 《建筑外墙外保温防火隔离带技术规程》JGJ 289—2012
	中华人民共和国 建筑工业行业标准	《自保温混凝土复合砌块》JG/T 407—2013； 《金属装饰保温板》JG/T 360—2012
改造		中华人民共和国行业标准《既有居住建筑节能改造技术规程》JGJ/T 129—2012； 中华人民共和国行业标准《公共建筑节能改造技术规范》JGJ 176—2009
建材		中华人民共和国国家标准《墙体材料应用统一技术规范》GB 50574—2010
	陶粒混凝土	浙江省建筑标准设计图集《陶粒混凝土砌块墙体建筑构造》2010 浙 J60
	砂加气混凝土	中华人民共和国行业标准《蒸气压砂加气混凝土砌块应用技术规程》JGJ/T 17—2008； 浙江省工程建设标准《蒸压砂加气混凝土砌块应用技术规程》DB33/T 1022—2005
	无机轻集料 保温砂浆	中华人民共和国行业标准《无机轻集料砂浆保温系统技术规程》JGJ 253—2011； 浙江省工程建设标准《无机轻集料保温砂浆及系统技术规程》DB 33/T1054—2008
	胶粉聚苯颗粒	中华人民共和国建筑工业行业标准《胶粉聚苯颗粒外墙外保温系统材料》JG/T 158—2013
	聚苯乙烯（PS）	是一种热塑性树脂，由于其价格低廉且易加工成型，因此得以广泛应用。把 PS 做成高发泡制品，就是常见的 EPS 和 XPS。EPS 常指模塑成型的发泡 PS，而 XPS 常指挤出成型的发泡 PS，关联制品材料性能参数比较详见附录 B
	模塑聚苯板	又称模塑聚苯乙烯泡沫塑料 EPS。中华人民共和国建筑工业行业标准《膨胀聚苯板薄抹灰外墙外保温系统》JG 149—2003、中华人民共和国国家标准《绝热用模塑聚苯乙烯泡沫塑料》GB/T 10801.1—2002、中华人民共和国建筑工业行业标准《现浇混凝土复合模塑聚苯板外墙外保技术要求》JG/T 228—2007
	挤塑聚苯乙烯 泡沫塑料	中华人民共和国建筑工业行业标准《绝热用挤塑聚苯乙烯泡沫塑料（XPS）》GB/T 10801.2—2002

建材	聚氨酯泡沫塑料	中华人民共和国国家标准《喷涂硬质聚氨酯泡沫塑料》GB/T 20219—2006/ISO 8873；1987； 中华人民共和国国家标准《建筑绝热用硬质聚氨酯泡沫塑料》GB/T 21558—2008； 中华人民共和国建材行业标准《喷涂聚氨酯硬泡体保温材料》JC/T 998—2006； 中华人民共和国公共安全行业标准《软质阻燃聚氨酯泡沫塑料》GA 303—2001
	金属面岩棉、矿渣棉夹芯板	中华人民共和国建材行业标准《金属面岩棉、矿渣棉夹芯板》JC/T 869—2000
	酚醛泡沫制品	中华人民共和国国家标准《绝热用硬质酚醛泡沫制品》GB/T 20974—2007
	反射隔热涂料	中华人民共和国建筑工业行业标准《建筑反射隔热涂料》JGT 235—2008； 种类较多，详见附录E
新能源	光伏	国家建筑标准设计图集《建筑太阳能光伏系统设计与安装》10J908—5
特殊		1. 外墙的热传热系数 K 值和热惰性指标 D 值应考虑结构性热桥的影响，取平均传热系数和热惰性指标。 2. 外墙宜采用外保温、外隔热措施。当采取内保温时，应对热桥（冷桥）部位采取适宜的保温措施。 3. 外墙的外表面宜采用浅色，以减少外表面吸收的太阳辐射。 4. 对于多层混合结构、框架结构建筑，鼓励采用自保温系统外墙。 5. 聚氨酯作为外墙保温时，如果是以喷涂形式施工，则需要用胶粉聚苯颗进行外表面平整处理。 6. 外墙隔热涂料对外墙热反射系数影响较大，对外墙传热系数影响较小，目前已有对应的国家行业标准。 7. 中华人民共和国国家标准《民用建筑设计通则》GB 50352—2005 条文 6.8.1 第 6 款要求："机房应为专用的房间，其围护结构应保温隔热……"

第 4 章　内隔墙节能设计

4.1　标 准 指 标

住宅分户墙、隔墙节能设计相关要求　　　　　表 4-1

	国标公建	省标居建	国标农居
传热系数 K 要求 $[W/(m^2 \cdot K)]$	无相关要求	$K \leqslant 2.0$	无相关要求
综合判断限值	—	不允许突破	—
部位范围	—	分户墙、封闭楼梯间（或防烟楼梯间）隔墙、前室（或合用前室）隔墙、封闭外走廊隔墙	—

备注：分户墙、隔墙的传热系数应考虑结构性热桥的影响，取平均传热系数。

4.2　常用材料及主要计算参数

常用分户墙、楼梯间隔墙、外走廊等内隔墙节能构造材料　　表 4-2

基层墙体	1. 钢筋混凝土墙； 2. 陶粒混凝土复合砌块（夹芯 EPS，800 级）； 3. 蒸压砂加气混凝土砌块（B06 级、B05 级，热工参数与同级别蒸压粉煤灰加气混凝土砌块一致）； 4. 陶粒增强加气砌块（B06 级，B05 级）
保温材料	1. 无机轻集料保温砂浆 C 型（无机轻集料保温砂浆参数在国标与省标中的差别，详见附录 H）； 2. 无机轻集料保温砂浆 B 型； 3. 胶粉聚苯颗粒（胶粉聚苯颗粒浆料、胶粉聚苯颗粒保温浆料）； 4. 模塑聚苯板（EPS、模塑聚苯乙烯泡沫塑料），其品种较多，具体详见附录 B； 5. 聚氨酯泡沫塑料，其品种较多，具体详见附录 D

建筑节能主要计算参数　　　　表 4-3

材料名称	引用规范	导热系数	修正系数	相同厚度下，相当于无机保温砂浆 I 型热工性能百分比
无机保温砂浆 C 型	浙江省工程建设标准《无机轻集料保温砂浆及系统技术规程》DB 33/T1054—2008	0.07	1.25	—
无机保温砂浆 B 型		0.085	1.25	82.35%

材料名称	引用规范	导热系数	修正系数	相同厚度下，相当于蒸压砂加气混凝土砌块 B06 级热工性能百分比
钢筋混凝土墙	浙江省工程建设标准《居住建筑节能设计标准》DB 33/1015—2015	1.74	1.0	11.49%
蒸压砂加气混凝土砌块 B06 级		0.16	1.25	—
三排孔陶粒混凝土砌块		0.32	1.0	62.50%

注："浙江省工程建设标准《居住建筑节能设计标准》DB 33/1015—2015"、"中华人民共和国国家标准《公共建筑节能设计标准》GB 50189—2015"优先。

4.3 常 见 做 法

4.3.1 200mm 内隔墙

10mm 无机保温砂浆 C 型＋200mm 钢筋混凝土＋10mm 无机保温砂浆 C 型　　　　表 4-4

各层材料名称	厚度(mm)	导热系数［W/(m·K)］	修正系数	修正后导热系数［W/(m·K)］	蓄热系数［W/(m²·K)］	修正后蓄热系数［W/(m²·K)］	热阻值［(m²·K)/W］	热惰性指标
抗裂砂浆(网格布)	5	0.930	1.0	0.930	11.311	11.311	0.005	0.061
无机保温砂浆 C 型	10	0.070	1.25	0.088	1.200	1.500	0.114	0.171
界面剂	0	—	—	—	—	—	—	—
钢筋混凝土墙体	200	1.740	1.0	1.740	17.200	17.200	0.115	1.977

续表

各层材料名称	厚度(mm)	导热系数[W/(m·K)]	修正系数	修正后导热系数[W/(m·K)]	蓄热系数[W/(m²·K)]	修正后蓄热系数[W/(m²·K)]	热阻值[(m²·K)/W]	热惰性指标
界面剂	0	—	—	—	—	—	—	—
无机保温砂浆 C 型	10	0.070	1.25	0.088	1.200	1.500	0.114	0.171
抗裂砂浆(网格布)	5	0.930	1.0	0.930	11.311	11.311	0.005	0.061
合计	230	—	—	—	—	—	0.354	2.441
内隔墙传热阻[(m²·K)/W]	$R_0 = R_i + \sum R + R_i = 0.574$				注：R_i 取 0.11			
内隔墙传热系数[W/(m²·K)]	$K = 1/R_0 = 1.741$							

无机轻集料保温砂浆 C 型厚度变化时，内隔墙热工参数

厚度（mm）	15+15	20+20
传热系数 K	1.452	1.246
省标居建 4.2.12 条文规定	分户墙、隔墙传热系数 K≤2.0	

10mm 无机保温砂浆 B 型＋200mm 钢筋混凝土 ＋10mm 无机保温砂浆 B 型　　　表 4-5

各层材料名称	厚度(mm)	导热系数[W/(m·K)]	修正系数	修正后导热系数[W/(m·K)]	蓄热系数[W/(m²·K)]	修正后蓄热系数[W/(m²·K)]	热阻值[(m²·K)/W]	热惰性指标
抗裂砂浆(网格布)	5	0.930	1.0	0.930	11.311	11.311	0.005	0.061
无机保温砂浆 B 型	10	0.085	1.25	0.106	1.500	1.875	0.094	0.176
界面剂	0	—	—	—	—	—	—	—
钢筋混凝土墙体	200	1.740	1.0	1.740	17.200	17.200	0.115	1.977
界面剂	0	—	—	—	—	—	—	—
无机保温砂浆 B 型	10	0.085	1.25	0.106	1.500	1.875	0.094	0.176

续表

各层材料名称	厚度(mm)	导热系数[W/(m·K)]	修正系数	修正后导热系数[W/(m·K)]	蓄热系数[W/(m²·K)]	修正后蓄热系数[W/(m²·K)]	热阻值[(m²·K)/W]	热惰性指标
抗裂砂浆(网格布)	5	0.930	1.0	0.930	11.311	11.311	0.005	0.061
合计	230	—	—	—	—	—	0.314	2.452
内隔墙传热阻[(m²·K)/W]	$R_0 = R_i + \sum R + R_i = 0.534$				注：R_i 取 0.11			
内隔墙传热系数[W/(m²·K)]	$K = 1/R_0 = 1.873$							
无机轻集料保温砂浆 B 型厚度变化时，内隔墙热工参数								
厚度（mm）	15＋15				20＋20			
传热系数 K	1.592				1.385			
省标居建 4.2.12 条文规定	分户墙、隔墙传热系数 $K \leqslant 2.0$							

200mm 非黏土多孔砖   表 4-6

各层材料名称	厚度(mm)	导热系数[W/(m·K)]	修正系数	修正后导热系数[W/(m·K)]	蓄热系数[W/(m²·K)]	修正后蓄热系数[W/(m²·K)]	热阻值[(m²·K)/W]	热惰性指标
混合砂浆	15	0.870	1.0	0.870	10.750	10.750	0.017	0.185
界面剂	0	—	—	—	—	—	—	—
非黏土多孔砖	200	0.580	1.0	0.580	7.920	7.920	0.345	2.731
界面剂	0	—	—	—	—	—	—	—
混合砂浆	15	0.870	1.0	0.870	10.750	10.750	0.017	0.185
合计	230	—	—	—	—	—	0.379	3.102
内隔墙传热阻[(m²·K)/W]	$R_0 = R_i + \sum R + R_i = 0.599$				注：R_i 取 0.11			
内隔墙传热系数[W/(m²·K)]	$K = 1/R_0 = 1.669$							
省标居建 4.2.12 条文规定	分户墙、隔墙传热系数 $K \leqslant 2.0$							

10mm 无机保温砂浆 C 型＋200mm 非黏土多孔砖＋10mm

无机保温砂浆 C 型 表 4-7

各层材料名称	厚度(mm)	导热系数 [W/(m·K)]	修正系数	修正后导热系数 [W/(m·K)]	蓄热系数 [W/(m²·K)]	修正后蓄热系数 [W/(m²·K)]	热阻值 [(m²·K)/W]	热惰性指标
抗裂砂浆（网格布）	5	0.930	1.0	0.930	11.311	11.311	0.005	0.061
无机保温砂浆 C 型	10	0.070	1.25	0.088	1.200	1.500	0.114	0.171
界面剂	0	—	—	—	—	—	—	—
非黏土多孔砖	200	0.580	1.0	0.580	7.920	7.920	0.345	2.731
界面剂	0	—	—	—	—	—	—	—
无机保温砂浆 C 型	10	0.070	1.25	0.088	1.200	1.500	0.114	0.171
抗裂砂浆（网格布）	5	0.930	1.0	0.930	11.311	11.311	0.005	0.061
合计	230	—	—	—	—	—	0.584	3.196

内隔墙传热阻 [(m²·K)/W]	$R_0 = R_i + \sum R + R_i = 0.804$	注：R_i 取 0.11
内隔墙传热系数 [W/(m²·K)]	$K = 1/R_0 = 1.244$	

无机轻集料保温砂浆 C 型厚度变化时，内隔墙热工参数

厚度（mm）	15＋15	20＋20
传热系数 K	1.089	0.968
省标居建 4.2.12 条文规定	分户墙、隔墙传热系数 K≤2.0	

10mm 无机保温砂浆 B 型＋200mm 非黏土多孔砖＋10mm

无机保温砂浆 B 型 表 4-8

各层材料名称	厚度(mm)	导热系数 [W/(m·K)]	修正系数	修正后导热系数 [W/(m·K)]	蓄热系数 [W/(m²·K)]	修正后蓄热系数 [W/(m²·K)]	热阻值 [(m²·K)/W]	热惰性指标
抗裂砂浆（网格布）	5	0.930	1.0	0.930	11.311	11.311	0.005	0.061
无机保温砂浆 B 型	10	0.085	1.25	0.106	1.500	1.875	0.094	0.176

续表

各层材料名称	厚度(mm)	导热系数[W/(m·K)]	修正系数	修正后导热系数[W/(m·K)]	蓄热系数[W/(m²·K)]	修正后蓄热系数[W/(m²·K)]	热阻值[(m²·K)/W]	热惰性指标
界面剂	0	—	—	—	—	—	—	—
非黏土多孔砖	200	0.580	1.0	0.580	7.920	7.920	0.345	2.731
界面剂	0	—	—	—	—	—	—	—
无机保温砂浆B型	10	0.085	1.25	0.106	1.500	1.875	0.094	0.176
抗裂砂浆(网格布)	5	0.930	1.0	0.930	11.311	11.311	0.005	0.061
合计	230	—	—	—	—	—	0.544	3.206
内隔墙传热阻[(m²·K)/W]	$R_0=R_i+\sum R+R_i=0.764$				注：R_i 取 0.11			
内隔墙传热系数[W/(m²·K)]	$K=1/R_0=1.309$							

无机轻集料保温砂浆B型厚度变化时，内隔墙热工参数

厚度（mm）	15+15	20+20
传热系数 K	1.166	1.050
省标居建4.2.12条文规定	分户墙、隔墙传热系数 $K\leqslant2.0$	

200mm 三排孔陶粒混凝土砌块 表 4-9

各层材料名称	厚度(mm)	导热系数[W/(m·K)]	修正系数	修正后导热系数[W/(m·K)]	蓄热系数[W/(m²·K)]	修正后蓄热系数[W/(m²·K)]	热阻值[(m²·K)/W]	热惰性指标
混合砂浆	15	0.870	1.0	0.870	10.750	10.750	0.017	0.185
界面剂	0	—	—	—	—	—	—	—
三排孔陶粒混凝土砌块	200	0.320	1.0	0.320	4.850	4.850	0.625	3.031
界面剂	0	—	—	—	—	—	—	—
混合砂浆	15	0.870	1.0	0.870	10.750	10.750	0.017	0.185
合计	230	—	—	—	—	—	0.659	3.402
内隔墙传热阻[(m²·K)/W]	$R_0=R_i+\sum R+R_i=0.879$				注：R_i 取 0.11			
内隔墙传热系数[W/(m²·K)]	$K=1/R_0=1.137$							

省标居建4.2.12条文规定	分户墙、隔墙传热系数 $K\leqslant2.0$

10mm 无机保温砂浆 C 型十200mm 三排孔陶粒混凝土砌块

表 4-10

各层材料名称	厚度 (mm)	导热系数 [W/(m·K)]	修正系数	修正后导热系数 [W/(m·K)]	蓄热系数 [W/(m²·K)]	修正后蓄热系数 [W/(m²·K)]	热阻值 [(m²·K)/W]	热惰性指标
抗裂砂浆（网格布）	5	0.930	1.0	0.930	11.311	11.311	0.005	0.061
无机保温砂浆 C 型	10	0.070	1.25	0.088	1.200	1.500	0.114	0.171
界面剂	0	—	—	—	—	—	—	—
三排孔陶粒混凝土砌块	200	0.320	1.0	0.320	4.850	4.850	0.625	3.031
界面剂	0	—	—	—	—	—	—	—
混合砂浆	15	0.870	1.0	0.870	10.750	10.750	0.017	0.185
合计	230	—	—	—	—	—	0.762	3.449
内隔墙传热阻 [(m²·K)/W]	$R_0 = R_i + \sum R + R_i = 0.982$				注：Ri 取 0.11			
内隔墙传热系数 [W/(m²·K)]	$K = 1/R_0 = 1.018$							

无机轻集料保温砂浆 C 型厚度变化时，内隔墙热工参数		
厚度（mm）	15	20
传热系数 K	0.962	0.912
省标居建 4.2.12 条文规定	分户墙、隔墙传热系数 K≤2.0	

10mm 无机保温砂浆 B 型十200mm 三排孔陶粒混凝土砌块

表 4-11

各层材料名称	厚度 (mm)	导热系数 [W/(m·K)]	修正系数	修正后导热系数 [W/(m·K)]	蓄热系数 [W/(m²·K)]	修正后蓄热系数 [W/(m²·K)]	热阻值 [(m²·K)/W]	热惰性指标
抗裂砂浆（网格布）	5	0.930	1.0	0.930	11.311	11.311	0.005	0.061
无机保温砂浆 B 型	10	0.085	1.25	0.106	1.500	1.875	0.094	0.176
界面剂	0	—	—	—	—	—	—	—

各层材料 名称	厚度 (mm)	导热系数 [W/ (m·K)]	修正 系数	修正后 导热系 数[W/ (m·K)]	蓄热系数 [W/ (m²·K)]	修正后蓄 热系数 [W/ (m²·K)]	热阻值 [(m²·K) /W]	热惰性 指标
三排孔陶粒 混凝土砌块	200	0.320	1.0	0.320	4.850	4.850	0.625	3.031
界面剂	0	—	—	—	—	—	—	—
混合砂浆	15	0.870	1.0	0.870	10.750	10.750	0.017	0.185
合计	230	—	—	—	—	—	0.742	3.454
内隔墙传热阻 [(m²·K)/W]	$R_0=R_i+\sum R+R_i=0.962$				注：R_i 取 0.11			
内隔墙传热系数 [W/(m²·K)]	$K=1/R_0=1.040$							
无机轻集料保温砂浆 B 型厚度变化时，内隔墙热工参数								
厚度（mm）	15				20			
传热系数 K	1.009				1.056			
省标居建 4.2.12 条文规定					分户墙、隔墙传热系数 $K\leqslant2.0$			

200mm 蒸压加气混凝土砌块（B06 级）　　　　表 4-12

各层材料 名称	厚度 (mm)	导热系数 [W/ (m·K)]	修正 系数	修正后 导热系 数[W/ (m·K)]	蓄热系数 [W/ (m²·K)]	修正后蓄 热系数 [W/ (m²·K)]	热阻值 [(m²·K) /W]	热惰性 指标
聚合物水泥 砂浆	15	0.930	1.0	0.930	11.306	11.306	0.016	0.182
界面剂	0	—	—	—	—	—	—	—
蒸压加气混 凝土砌块 （B06 级）	200	0.160	1.25	0.200	3.280	4.100	1.000	4.100
界面剂	0	—	—	—	—	—	—	—
聚合物水泥 砂浆	15	0.930	1.0	0.930	11.306	11.306	0.016	0.182
合计	230	—	—	—	—	—	1.032	4.465
内隔墙传热阻 [(m²·K)/W]	$R_0=R_i+\sum R+R_i=1.252$				注：R_i 取 0.11			
内隔墙传热系数 [W/(m²·K)]	$K=1/R_0=0.799$							
省标居建 4.2.12 条文规定					分户墙、隔墙传热系数 $K\leqslant2.0$			

4.3.2 240mm 内隔墙

10mm 无机保温砂浆 C 型＋240mm 钢筋混凝土＋10mm

无机保温砂浆 C 型

表 4-13

各层材料名称	厚度(mm)	导热系数[W/(m·K)]	修正系数	修正后导热系数[W/(m·K)]	蓄热系数[W/(m²·K)]	修正后蓄热系数[W/(m²·K)]	热阻值[(m²·K)/W]	热惰性指标
抗裂砂浆(网格布)	5	0.930	1.0	0.930	11.311	11.311	0.005	0.061
无机保温砂浆 C 型	10	0.070	1.25	0.088	1.200	1.500	0.114	0.171
界面剂	0	—	—	—	—	—	—	—
钢筋混凝土墙体	240	1.740	1.0	1.740	17.200	17.200	0.138	2.372
界面剂	0	—	—	—	—	—	—	—
无机保温砂浆 C 型	10	0.070	1.25	0.088	1.200	1.500	0.114	0.171
抗裂砂浆(网格布)	5	0.930	1.0	0.930	11.311	11.311	0.005	0.061
合计	270	—	—	—	—	—	0.377	2.837
内隔墙传热阻[(m²·K)/W]		$R_0=R_i+\sum R+R_i=0.597$			注：R_i 取 0.11			
内隔墙传热系数[W/(m²·K)]			$K=1/R_0=1.674$					
无机轻集料保温砂浆 C 型厚度变化时，内隔墙热工参数								
厚度（mm）			15＋15			20＋20		
传热系数 K			1.405			1.211		
省标居建 4.2.12 条文规定				分户墙、隔墙传热系数 K≤2.0				

10mm 无机保温砂浆 B 型＋240mm 钢筋混凝土＋10mm

无机保温砂浆 B 型

表 4-14

各层材料名称	厚度(mm)	导热系数[W/(m·K)]	修正系数	修正后导热系数[W/(m·K)]	蓄热系数[W/(m²·K)]	修正后蓄热系数[W/(m²·K)]	热阻值[(m²·K)/W]	热惰性指标
抗裂砂浆(网格布)	5	0.930	1.0	0.930	11.311	11.311	0.005	0.061

94

续表

各层材料名称	厚度(mm)	导热系数[W/(m·K)]	修正系数	修正后导热系数[W/(m·K)]	蓄热系数[W/(m²·K)]	修正后蓄热系数[W/(m²·K)]	热阻值[(m²·K)/W]	热惰性指标
无机保温砂浆B型	10	0.085	1.25	0.106	1.500	1.875	0.094	0.176
界面剂	0	—	—	—	—	—	—	—
钢筋混凝土墙体	240	1.740	1.0	1.740	17.200	17.200	0.138	2.372
界面剂	0	—	—	—	—	—	—	—
无机保温砂浆B型	10	0.085	1.25	0.106	1.500	1.875	0.094	0.176
抗裂砂浆（网格布）	5	0.930	1.0	0.930	11.311	11.311	0.005	0.061
合计	270	—	—	—	—	—	0.336	2.847
内隔墙传热阻[(m²·K)/W]	$R_0=R_i+\sum R+R_i=0.556$				注：R_i取0.11			
内隔墙传热系数[W/(m²·K)]	$K=1/R_0=1.796$							

无机轻集料保温砂浆B型厚度变化时，内隔墙热工参数		
厚度（mm）	15+15	20+20
传热系数 K	1.536	1.342
省标居建4.2.12条文规定	分户墙、隔墙传热系数 $K\leqslant2.0$	

240mm 非黏土多孔砖　　　　　　表 4-15

各层材料名称	厚度(mm)	导热系数[W/(m·K)]	修正系数	修正后导热系数[W/(m·K)]	蓄热系数[W/(m²·K)]	修正后蓄热系数[W/(m²·K)]	热阻值[(m²·K)/W]	热惰性指标
混合砂浆	15	0.870	1.0	0.870	10.750	10.750	0.017	0.185
界面剂	0	—	—	—	—	—	—	—
非黏土多孔砖	240	0.580	1.0	0.580	7.920	7.920	0.414	3.279
界面剂	0	—	—	—	—	—	—	—
混合砂浆	15	0.870	1.0	0.870	10.750	10.750	0.017	0.185
合计	270	—	—	—	—	—	0.448	3.649

各层材料名称	厚度(mm)	导热系数[W/(m·K)]	修正系数	修正后导热系数[W/(m·K)]	蓄热系数[W/(m²·K)]	修正后蓄热系数[W/(m²·K)]	热阻值[(m²·K)/W]	热惰性指标
内隔墙传热阻[(m²·K)/W]	$R_0=R_i+\sum R+R_i=0.668$					注：R_i 取 0.11		
内隔墙传热系数[W/(m²·K)]	$K=1/R_0=1.496$							
省标居建 4.2.12 条文规定				分户墙、隔墙传热系数 $K\leqslant2.0$				

10mm 无机保温砂浆 C 型＋240mm 非黏土多孔砖＋10mm 无机保温砂浆 C 型　　表 4-16

各层材料名称	厚度(mm)	导热系数[W/(m·K)]	修正系数	修正后导热系数[W/(m·K)]	蓄热系数[W/(m²·K)]	修正后蓄热系数[W/(m²·K)]	热阻值[(m²·K)/W]	热惰性指标
抗裂砂浆（网格布）	5	0.930	1.0	0.930	11.311	11.311	0.005	0.061
无机保温砂浆 C 型	10	0.070	1.25	0.088	1.200	1.500	0.114	0.171
界面剂	0	—	—	—	—	—	—	—
非黏土多孔砖	240	0.580	1.0	0.580	7.920	7.920	0.414	3.278
界面剂	0	—	—	—	—	—	—	—
无机保温砂浆 C 型	10	0.070	1.25	0.088	1.200	1.500	0.114	0.171
抗裂砂浆（网格布）	5	0.930	1.0	0.930	11.311	11.311	0.005	0.061
合计	270	—	—	—	—	—	0.653	3.742
内隔墙传热阻[(m²·K)/W]	$R_0=R_i+\sum R+R_i=0.873$					注：R_i 取 0.11		
内隔墙传热系数[W/(m²·K)]	$K=1/R_0=1.145$							
无机轻集料保温砂浆 C 型厚度变化时，内隔墙热工参数								
厚度（mm）	15＋15				20＋20			
传热系数 K	1.013				0.908			
省标居建 4.2.12 条文规定				分户墙、隔墙传热系数 $K\leqslant2.0$				

10mm 无机保温砂浆 B 型＋240mm 非黏土
多孔砖＋10mm 无机保温砂浆 B 型   表 4-17

各层材料名称	厚度 (mm)	导热系数 [W/(m·K)]	修正系数	修正后导热系数 [W/(m·K)]	蓄热系数 [W/(m²·K)]	修正后蓄热系数 [W/(m²·K)]	热阻值 [(m²·K)/W]	热惰性指标
抗裂砂浆 (网格布)	5	0.930	1.0	0.930	11.311	11.311	0.005	0.061
无机保温砂浆 B 型	10	0.085	1.25	0.106	1.500	1.875	0.094	0.176
界面剂	0	—	—	—	—	—	—	—
非黏土多孔砖	240	0.580	1.0	0.580	7.920	7.920	0.414	3.278
界面剂	0	—	—	—	—	—	—	—
无机保温砂浆 B 型	10	0.085	1.25	0.106	1.500	1.875	0.094	0.176
抗裂砂浆 (网格布)	5	0.930	1.0	0.930	11.311	11.311	0.005	0.061
合计	270	—	—	—	—	—	0.613	3.752
内隔墙传热阻 [(m²·K)/W]	$R_0 = R_i + \sum R + R_i = 0.833$				注：R_i 取 0.11			
内隔墙传热系数 [W/(m²·K)]	$K = 1/R_0 = 1.201$							

无机轻集料保温砂浆 B 型厚度变化时，内隔墙热工参数		
厚度 (mm)	15＋15	20＋20
传热系数 K	1.079	0.979
省标居建 4.2.12 条文规定	分户墙、隔墙传热系数 $K \leqslant 2.0$	

240mm 三排孔陶粒混凝土砌块   表 4-18

各层材料名称	厚度 (mm)	导热系数 [W/(m·K)]	修正系数	修正后导热系数 [W/(m·K)]	蓄热系数 [W/(m²·K)]	修正后蓄热系数 [W/(m²·K)]	热阻值 [(m²·K)/W]	热惰性指标
混合砂浆	15	0.870	1.0	0.870	10.750	10.750	0.017	0.185
界面剂	0	—	—	—	—	—	—	—
三排孔陶粒混凝土砌块	240	0.320	1.0	0.320	4.850	4.850	0.750	3.638

续表

各层材料名称	厚度（mm）	导热系数[W/(m·K)]	修正系数	修正后导热系数[W/(m·K)]	蓄热系数[W/(m²·K)]	修正后蓄热系数[W/(m²·K)]	热阻值[(m²·K)/W]	热惰性指标
界面剂	0	—	—	—	—	—	—	—
混合砂浆	15	0.870	1.0	0.870	10.750	10.750	0.017	0.185
合计	270	—	—	—	—	—	0.784	4.008
内隔墙传热阻[(m²·K)/W]	$R_0 = R_i + \sum R + R_i = 1.004$				注：R_i 取 0.11			
内隔墙传热系数[W/(m²·K)]	$K = 1/R_0 = 0.996$							
省标居建 4.2.12 条文规定				分户墙、隔墙传热系数 $K \leqslant 2.0$				

10mm 无机保温砂浆 C 型＋240mm 三排孔陶粒混凝土砌块　表 4-19

各层材料名称	厚度（mm）	导热系数[W/(m·K)]	修正系数	修正后导热系数[W/(m·K)]	蓄热系数[W/(m²·K)]	修正后蓄热系数[W/(m²·K)]	热阻值[(m²·K)/W]	热惰性指标
抗裂砂浆（网格布）	5	0.930	1.0	0.930	11.311	11.311	0.005	0.061
无机保温砂浆 C 型	10	0.070	1.25	0.088	1.200	1.500	0.114	0.171
界面剂	0	—	—	—	—	—	—	—
三排孔陶粒混凝土砌块	240	0.320	1.0	0.320	4.85	4.85	0.750	3.638
界面剂	0	—	—	—	—	—	—	—
混合砂浆	15	0.870	1.0	0.870	10.750	10.750	0.017	0.185
合计	270	—	—	—	—	—	0.887	4.055
内隔墙传热阻[(m²·K)/W]	$R_0 = R_i + \sum R + R_i = 1.107$				注：R_i 取 0.11			
内隔墙传热系数[W/(m²·K)]	$K = 1/R_0 = 0.903$							
无机轻集料保温砂浆 C 型厚度变化时，内隔墙热工参数								
厚度（mm）	15				20			
传热系数 K	0.859				0.819			
省标居建 4.2.12 条文规定				分户墙、隔墙传热系数 $K \leqslant 2.0$				

10mm 无机保温砂浆 B 型＋240mm 三排孔陶粒混凝土砌块 表 4-20

各层材料名称	厚度(mm)	导热系数[W/(m·K)]	修正系数	修正后导热系数[W/(m·K)]	蓄热系数[W/(m²·K)]	修正后蓄热系数[W/(m²·K)]	热阻值[(m²·K)/W]	热惰性指标
抗裂砂浆(网格布)	5	0.930	1.0	0.930	11.311	11.311	0.005	0.061
无机保温砂浆 B 型	10	0.085	1.25	0.106	1.500	1.875	0.094	0.176
界面剂	0	—	—	—	—	—	—	—
三排孔陶粒混凝土砌块	240	0.320	1.0	0.320	4.85	4.85	0.750	3.638
界面剂	0	—	—	—	—	—	—	—
混合砂浆	15	0.870	1.0	0.870	10.750	10.750	0.017	0.185
合计	270	—	—	—	—	—	0.867	4.060

内隔墙传热阻[(m²·K)/W]	$R_0 = R_i + \sum R + R_i = 1.087$	注：R_i 取 0.11
内隔墙传热系数[W/(m²·K)]	$K = 1/R_0 = 0.920$	

无机轻集料保温砂浆 B 型厚度变化时，内隔墙热工参数		
厚度（mm）	15	20
传热系数 K	0.882	0.847
省标居建 4.2.12 条文规定	分户墙、隔墙传热系数 $K \leqslant 2.0$	

240mm 蒸压加气混凝土砌块（B06 级） 表 4-21

各层材料名称	厚度(mm)	导热系数[W/(m·K)]	修正系数	修正后导热系数[W/(m·K)]	蓄热系数[W/(m²·K)]	修正后蓄热系数[W/(m²·K)]	热阻值[(m²·K)/W]	热惰性指标
聚合物水泥砂浆	15	0.930	1.0	0.930	11.306	11.306	0.016	0.182
界面剂	0	—	—	—	—	—	—	—
蒸压加气混凝土砌块(B06 级)	240	0.160	1.25	0.200	3.280	4.100	1.200	4.920
界面剂	0	—	—	—	—	—	—	—

续表

各层材料名称	厚度(mm)	导热系数[W/(m·K)]	修正系数	修正后导热系数[W/(m·K)]	蓄热系数[W/(m²·K)]	修正后蓄热系数[W/(m²·K)]	热阻值[(m²·K)/W]	热惰性指标
聚合物水泥砂浆	15	0.930	1.0	0.930	11.306	11.306	0.016	0.182
合计	230	—	—	—	—	—	1.232	5.285
内隔墙传热阻[(m²·K)/W]	$R_0 = R_i + \sum R + R_i = 1.452$					注：R_i 取 0.11		
内隔墙传热系数[W/(m²·K)]	$K = 1/R_0 = 0.689$							
省标居建 4.2.12 条文规定					分户墙、隔墙传热系数 $K \leqslant 2.0$			

4.4 常用材料变更比较

相同热工性能下，材料厚度换算　　　　表 4-22

无机保温砂浆 C 型	10mm
无机保温砂浆 B 型	13mm

4.5 内隔墙节能设计防火要求

防火规范第 6.7.2 条文规定　　　　表 4-23

保温材料燃烧性能	A 级	B1 级	防护层
内保温	人员密集场所，用火、燃油、燃气等具有火灾危险性的场所以及各类建筑内的疏散楼梯间、避难走道、避难间、避难层等场所或部位	其他场所	采用燃烧性能为 B1 级的保温材料时，防护层厚度不应小于 10mm

4.6 注 意 措 施

相关参考文件

表 4-24

构造	国家建筑标准设计图集	《内隔墙建筑构造》J 111—114
标准	中华人民共和国国家标准	《电子信息系统机房设计规范》GB 50174—2008 《计算机场地通用规范》GB/T 2887—2011
材料	陶粒混凝土	浙江省建筑标准设计图集《陶粒混凝土砌块墙体建筑构造》2010 浙 J60
特殊	1. 对有特殊保温需求的房间（如需要恒温恒湿的计算机房），其隔墙及上下楼板（楼板做法详见第六章节）应作节能处理，建议选用 K≤1.5 的内隔墙构造做法。 2. 分户墙体建议优先采用 240mm 墙体、重质材料、实心材料，户间墙体的隔声、隔声问题较节能问题更为突出，更需注意。 3. 墙体交叉处，及不同材料交接处，应进行抗裂处理。 4. 200mm 厚分户墙墙体材料采用轻集料混凝土空心砌块时（构造参见浙江省标准《居住建筑节能设计标准》DB 33/1015—2003 分户墙类型 A3），其热工性能（约为 1.97）能够满足 K≤2.0 的要求		

第5章　门窗与透明幕墙节能设计

5.1　标准指标

表 5-1～表 5-3 根据中华人民共和国行业标准《建筑门窗玻璃幕墙热工计算规程》JGJ/T 151—2008 的表 A.0.0-1、表 A.0.1-2 和表 C.0.1 给出构件建议 K 值与玻璃选型。

窗墙比 0.2 以下的门窗幕墙 K 值要求　　　　表 5-1

窗墙面积比类别				限值		参考构件 K 值 ［W/(m²·K)］
≤0.2	省标 居建	体形系数≤0.4	有活动 外遮阳	$K \leqslant 2.8$		塑钢：框 3.4，玻璃 2.3 断热：框 3.8，玻璃 2.3
			无活动 外遮阳	$K \leqslant 2.4$		塑钢：框 3.0，玻璃 1.9 断热：框 3.4，玻璃 1.9
		0.4<体形系数≤0.45	有活动 外遮阳	$K \leqslant 2.8$		塑钢：框 3.4，玻璃 2.3 断热：框 3.8，玻璃 2.3
			无活动 外遮阳	$K \leqslant 2.4$		塑钢：框 3.0，玻璃 1.9 断热：框 3.4，玻璃 1.9
		0.45<体形系数≤0.5	有活动 外遮阳	$K \leqslant 2.6$		塑钢：框 3.4，玻璃 1.9 断热：框 3.8，玻璃 2.1
			无活动 外遮阳	$K \leqslant 2.2$		塑钢：框 3.0，玻璃 1.5 断热：框 3.4，玻璃 1.7
针对 所有 窗墙 比	国标 公建	甲类		$K \leqslant 3.5$		塑钢：框 3.8，玻璃 3.1 断热：框 3.8，玻璃 3.3
		乙类		$K \leqslant 3.0$		塑钢：框 3.8，玻璃 2.3 断热：框 3.8，玻璃 2.7
	国标 农居	卧室、起居室		$K \leqslant 3.2$		塑钢：框 3.4，玻璃 2.9 断热：框 3.8，玻璃 2.9
		厨房、卫生间、储藏间		$K \leqslant 4.7$		框 3.8，玻璃 3.3

窗墙比 0.3 以下的门窗幕墙 K 值要求　　表 5-2

窗墙面积比类别				限值	参考构件 K 值 $[W/(m^2 \cdot K)]$
$0.2<$ 窗墙比 $\leqslant 0.3$	省标居建	体形系数$\leqslant 0.4$	有活动外遮阳	$K\leqslant 2.8$	塑钢：框 3.4，玻璃 2.3 断热：框 3.8，玻璃 2.3
			无活动外遮阳	$K\leqslant 2.4$	塑钢：框 3.0，玻璃 1.9 断热：框 3.4，玻璃 1.9
		$0.4<$体形系数$\leqslant 0.45$	有活动外遮阳	$K\leqslant 2.6$	塑钢：框 3.4，玻璃 1.9 断热：框 3.8，玻璃 2.1
			无活动外遮阳	$K\leqslant 2.2$	塑钢：框 3.0，玻璃 1.5 断热：框 3.4，玻璃 1.7
		$0.45<$体形系数$\leqslant 0.5$	有活动外遮阳	$K\leqslant 2.4$	塑钢：框 3.0，玻璃 1.9 断热：框 3.4，玻璃 1.9
			无活动外遮阳	$K\leqslant 2.1$	塑钢：框 3.0，玻璃 1.5 断热：框 3.8，玻璃 1.5
	国标公建	甲类		$K\leqslant 3.0$	塑钢：框 3.8，玻璃 2.3 断热：框 3.8，玻璃 2.7

窗墙比 0.3 以下的住宅建筑门窗幕墙 SCw 值要求　　表 5-3

窗墙面积比		限值		参考构件配置
		南	东、西	
窗墙比$\leqslant 0.3$	北区	—	夏季$\leqslant 0.45$	6 灰色吸热＋12A＋6 透明
	南区	夏季$\leqslant 0.45$	夏季$\leqslant 0.4$	

窗墙比 0.3 以下的公共建筑门窗幕墙 $SHGC$ 值要求　　表 5-4

窗墙面积比		限值		参考构件配置
$0.2<$窗墙比$\leqslant 0.3$	甲类	东、南、西	0.44	6 中透光 Low-E 玻璃
		北	0.48	6 高透光 Low-E 玻璃
	乙类		0.52	6 高透光 Low-E 玻璃

窗墙比 0.4 以下的门窗幕墙 **K** 值要求　　表 5-5

窗墙面积比类别			限值		参考构件 K 值 [W/(m² · K)]
0.3<窗墙比≤0.4	省标居建	体形系数≤0.4	有活动外遮阳	K≤2.6	塑钢：框 3.4，玻璃 1.9 断热：框 3.8，玻璃 2.1
			无活动外遮阳	K≤2.2	塑钢：框 3.0，玻璃 1.5 断热：框 3.4，玻璃 1.7
		0.4<体形系数≤0.45	有活动外遮阳	K≤2.4	塑钢：框 3.0，玻璃 1.9 断热：框 3.4，玻璃 1.9
			无活动外遮阳	K≤2.1	塑钢：框 3.0，玻璃 1.5 断热：框 3.8，玻璃 1.5
		0.45<体形系数≤0.5	有活动外遮阳	K≤2.2	塑钢：框 3.0，玻璃 1.5 断热：框 3.4，玻璃 1.7
			无活动外遮阳	K≤2.0	塑钢：框 3.0，玻璃 1.3 断热：框 3.4，玻璃 1.5
	国标公建	甲类	K≤2.6		塑钢：框 3.4，玻璃 1.9 断热：框 3.8，玻璃 2.1

窗墙比 0.4 以下的住宅建筑门窗幕墙 **SCw** 值要求　　表 5-6

窗墙面积比	限值			参考构件配置
		南	东、西	
0.3<窗墙比≤0.4	北区	夏季≤0.45	夏季≤0.4	6 灰色吸热+12A+6 透明
	南区	夏季≤0.40	夏季≤0.35	6 较低透光 Low-E+12A+6 透明

窗墙比 0.4 以下的甲类公共建筑门窗幕墙 **SHGC** 值要求　　表 5-7

窗墙面积比	限值		参考构件配置
0.3<窗墙比≤0.4	东、南、西	0.4	6 中透光 Low-E+12A+6 透明
	北	0.44	6 中透光 Low-E 玻璃

窗墙比 0.45 以下的住宅建筑门窗幕墙 **K** 值要求　　表 5-8

窗墙面积比类别		限值		参考构件 K 值 [W/(m² · K)]
0.4<窗墙比≤0.45	体形系数≤0.4	有活动外遮阳	K≤2.4	塑钢：框 3.0，玻璃 1.9 断热：框 3.4，玻璃 1.9
		无活动外遮阳	K≤2.1	塑钢：框 3.0，玻璃 1.5 断热：框 3.8，玻璃 1.5

窗墙面积比类别		限值		参考构件 K 值 $[W/(m^2 \cdot K)]$
0.4< 窗墙比 ≤0.45	0.4<体形系数≤0.45	有活动外遮阳	$K \leqslant 2.2$	塑钢：框 3.0，玻璃 1.5 断热：框 3.4，玻璃 1.7
		无活动外遮阳	$K \leqslant 2.0$	塑钢：框 3.0，玻璃 1.3 断热：框 3.4，玻璃 1.5
	0.45<体形系数≤0.5	有活动外遮阳	$K \leqslant 2.0$	塑钢：框 3.0，玻璃 1.3 断热：框 3.4，玻璃 1.5
		无活动外遮阳	$K \leqslant 1.9$	塑钢：框 3.0，玻璃 1.1 断热：框 3.4，玻璃 1.3

窗墙比 0.45 以下的住宅建筑门窗幕墙 SCw 值要求　表 5-9

窗墙面积比		限值		参考构件配置
		南	东、西	
0.4<窗墙比≤0.45	北区	夏季≤0.40	夏季≤0.35	6 较低透光 Low-E+12A+6 透明
	南区	夏季≤0.35	夏季≤0.30	6 低透光 Low-E+12A+6 透明

窗墙比 0.45 以上的住宅建筑门窗幕墙 SCw 值要求　表 5-10

平均窗墙面积比		限值	参考构件 K 值 $[W/(m^2 \cdot K)]$
		南、东、西	
窗墙比>0.45	北区	夏季≤0.25，冬季≥0.6	设置活动外遮阳
	南区		

窗墙比 0.5 以下~0.8 以上甲类公共建筑的门窗幕墙 K 值要求　表 5-11

窗墙面积比类别	限值	参考构件 K 值 $[W/(m^2 \cdot K)]$
0.4<窗墙比≤0.5	$K \leqslant 2.4$	塑钢：框 3.0，玻璃 1.9 断热：框 3.4，玻璃 1.9
0.5<窗墙比≤0.6	$K \leqslant 2.2$	塑钢：框 3.0，玻璃 1.5 断热：框 3.4，玻璃 1.7
0.6<窗墙比≤0.7		
0.7<窗墙比≤0.8	$K \leqslant 2.0$	塑钢：框 3.0，玻璃 1.3 断热：框 3.4，玻璃 1.5
窗墙比>0.8	$K \leqslant 1.8$	塑钢：框 2.6，玻璃 1.1 断热：框 3.0，玻璃 1.3

窗墙比 0.5 以下～0.8 以上甲类公共建筑的
门窗幕墙 *SHGC* 值要求　　　　　　　　　　　表 5-12

窗墙面积比类别	限值		参考构件配置
0.4＜窗墙比≤0.5	东、南、西	0.35	6 较低透光 Low-E＋12A＋6 透明
	北	0.4	6 中透光 Low-E＋12A＋6 透明
0.5＜窗墙比≤0.6	东、南、西	0.35	6 较低透光 Low-E＋12A＋6 透明
		0.4	6 中透光 Low-E＋12A＋6 透明
0.6＜窗墙比≤0.7	北	0.3	6 低透光 Low-E＋12A＋6 透明
		0.35	6 较低透光 Low-E＋12A＋6 透明
0.7＜窗墙比≤0.8	东、南、西	0.26	6 低透光热反射 Low-E＋12A＋6 透明
	北	0.35	6 较低透光 Low-E＋12A＋6 透明
窗墙比＞0.8	东、南、西	0.24	6 低透光热反射 Low-E＋12A＋6 透明
	北	0.3	6 低透光 Low-E＋12A＋6 透明

屋顶透光部分要求　　　　　　　　　　　表 5-13

建筑类别		面积限值	K 限值	SC_w 限值	$SHGC$ 限值
居住建筑		≤4%	≤2.8	≤0.4（南区）	—
公共建筑	甲类	≤20%	≤2.6	—	≤0.3
	乙类	—	≤3.0	—	≤0.35

（1）表 5-14 参考构件配置可查看表 5-1～表 5-12。

（2）居建要求凸窗的 K 限值应为规定限值的 90%。

（3）居建要求计算窗墙比面积比时，凸窗的面积应按洞口面积计算。

（4）居建要求对凸窗不透明的上顶板、下底板和侧板，应进行保温处理，且板的传热系数不应低于外墙平均传热系数的限值要求。

（5）居建要求天窗应设置活动遮阳。

（6）居建要求非空调空间的 SC_w 值不应大于 0.7。

（7）居建要求不宜设置天窗。

（8）居建要求北向不应设置凸窗，其他朝向不宜设置凸窗。

（9）公建要求当公共建筑入口大堂采用全玻幕墙时，全玻幕墙的非中空玻璃的面积不应超过同一立面透光面积（门窗和玻璃幕墙）的 15%，且按同一立面透光面积（含全玻幕墙面积）加权计算平均传热系数（3.3.7）。

5.2 气 密 性

现行气密性相关标准为《建筑外窗气密、水密、抗风压性能分级及检测方法》GB/T 7106—2008 与《建筑幕墙》GB/T 21086—2007。国标公建、省标居建均已按最新气密性相关标准进行规定。

2002 版与 2008 版外窗气密性要求差异比较 表 5-14

《建筑外窗气密性能分级及检测方法》GB/T 7107—2002			《建筑外窗气密、水密、抗风压性能分级及检测方法》GB/T 7106—2008		
分级	单位缝长指标值 q_1 [m³/(m·h)]	单位面积指标值 q_2 [m³/(m²·h)]	分级	单位缝长指标值 q_1 [m³/(m·h)]	单位面积指标值 q_2 [m³/(m²·h)]
2	$4.0 \geqslant q_1 > 2.5$	$12 \geqslant q_2 > 7.5$	1	$4.0 \geqslant q_1 > 3.5$	$12 \geqslant q_2 > 10.5$
			2	$3.5 \geqslant q_1 > 3.0$	$10.5 \geqslant q_2 > 9.0$
			3	$3.0 \geqslant q_1 > 2.5$	$9.0 \geqslant q_2 > 7.5$
3	$2.5 \geqslant q_1 > 1.5$	$7.5 \geqslant q_2 > 4.5$	4	$2.5 \geqslant q_1 > 2.0$	$7.5 \geqslant q_2 > 6.0$
			5	$2.0 \geqslant q_1 > 1.5$	$6.0 \geqslant q_2 > 4.5$
4	$1.5 \geqslant q_1 > 0.5$	$4.5 \geqslant q_2 > 1.5$	6	$1.5 \geqslant q_1 > 1.0$	$4.5 \geqslant q_2 > 3.0$
			7	$1.0 \geqslant q_1 > 0.5$	$3.0 \geqslant q_2 > 1.5$
5	$q_1 \leqslant 0.5$	$q_2 \leqslant 1.5$	8	$q_1 \leqslant 0.5$	$q_2 \leqslant 1.5$

外窗气密性要求 表 5-15

省标居建	1~6 层的外窗及敞开式阳台门的气密性等级，≥4 级；7 层及 7 层以上的外窗及敞开式阳台门和气密性等级，≥6 级
国标公建	1~10 层的外窗及敞开式阳台门的气密性等级，≥6 级；10 层及 10 层以上的外窗及敞开式阳台门和气密性等级，≥7 级
国标农居	外门、外窗的气密性等级，≥4 级

1994 版与 2007 版幕墙气密性要求差异比较 表 5-16

《建筑幕墙物理性能分级》GB/T 15225—94			《建筑幕墙》GB/T 21086—2007		
分级	建筑幕墙开启部分气密性能分级	性能分级	分级	建筑幕墙开启部分气密性能分级	建筑幕墙整体气密性能分级
	分级指标值 [m³/(m·h)]	分级指标值 [m³/(m·h)]		分级指标值 q_L [m³/(m·h)]	分级指标值 q_A [m³/(m·h)]
Ⅰ	$\leqslant 0.5$	$\leqslant 0.01$	1	$4.0 \geqslant q_L > 2.5$	$4.0 \geqslant q_A > 2.0$

续表

	《建筑幕墙物理性能分级》 GB/T 15225—94		《建筑幕墙》GB/T 21086—2007		
Ⅱ	>0.5，≤1.5	>0.01，≤0.05	2	$2.5{\geqslant}q_L{>}1.5$	$2.0{\geqslant}q_A{>}1.2$
Ⅲ	>1.5，≤2.5	>0.05，≤0.10	3	$1.5{\geqslant}q_L{>}0.5$	$1.2{\geqslant}q_A{>}0.5$
Ⅳ	>2.5，≤4.0	>0.10，≤0.20	4	$q_L{\leqslant}0.5$	$q_A{\leqslant}0.5$
	>4.0，≤6.0	>0.20，≤0.50			

建筑幕墙气密性要求   表 5-17

省标居建	未作规定
国标公建	建筑透明幕墙气密性等级，≥3 级

5.3 建筑门窗玻璃幕墙传热系数计算

建筑门窗玻璃幕墙热工计算可以按照中华人民共和国行业标准《建筑门窗玻璃幕墙热工计算规程》JGJ/T 151—2008 执行。

在没有精确计算的情况下，典型窗（窗框面积占整樘窗面积 30％的窗户传热系数，窗框面积占整樘窗面积 20％的窗户传热系数）与玻璃的热工参数近似值可按 JGJ/T 151—2008 的表 A.0.0-1、表 A.0.1-2 和表 C.0.1 采用。

JGJ/T 151—2008 表 C.0.1 典型玻璃系统光学热工参数   表 5-18

玻璃品种		传热系数 U_g [w/(m² · K)]
中空玻璃	6 透明＋12 空气＋6 透明	2.8
	6 绿色吸热＋12 空气＋6 透明	2.8
	6 灰色吸热＋12 空气＋6 透明	2.8
	6 中等透光热反射＋12 空气＋6 透明	2.4
	6 低透光热反射＋12 空气＋6 透明	2.3
	6 高透光 Low-E＋12 空气＋6 透明	1.9
	6 中透光 Low-E＋12 空气＋6 透明	1.8
	6 较低透光 Low-E＋12 空气＋6 透明	1.8
	6 低透光 Low-E＋12 空气＋6 透明	1.8
	6 高透光 Low-E＋12 氩气＋6 透明	1.5
	6 中透光 Low-E＋12 氩气＋6 透明	1.4

窗框材料	窗框比
铝合金窗	0.2
断热铝合金窗或铝木复合窗	0.25
PVC 塑钢窗或木窗	0.3

5.4 门窗幕墙综合遮阳系数的计算

综合遮阳系数的计算可以按照中华人民共和国行业标准《建筑门窗玻璃幕墙热工计算规程》JGJ/T 151—2008 执行。

综合遮阳系数的计算也可以按照中华人民共和国行业标准《夏热冬冷地区居住建筑节能设计标准》JGJ 134—2010 执行。

窗的综合遮阳系数 S_W

＝窗本身的遮阳系数 SC×外遮阳的遮阳系数 SD

＝玻璃的遮阳系数 SC×（1—窗框面积比）×外遮阳的遮阳系数 SD

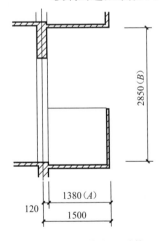

其中：窗框面积比。PVC 塑钢窗或木窗窗框比可取 0.30，铝合金窗框比可取 0.20，其他框材的窗按相近原则取值；

外遮阳的遮阳系数 SD 计算可以按浙江省工程建设标准《居住建筑节能设计标准》DB 33/1015—2015；计算范例如图 5-1 所示：

由图 5-1 可知：$A=1380\text{mm}$，$B=2850\text{mm}$

假定此为南向阳台：查表得 $a=0.5$，$b=-0.8$（DB 33/1015—2015：表 J.0.1）

图 5-1 外遮阳系数 SD 计算示意图

外遮阳特征值：$x=A/B=1380/2850=0.4842$，$x<1$ 时，取 $x=1$（DB 33/1015—2015：J.0.1）

水平遮阳板：$SD=ax^2+bx+1=0.5×1^2+(-0.8×1)+1=$

0.7（DB 33/1015—2015：J.0.1）

DB 33/1015—2015 相关计算公式：

$$SD = ax^2 + bx + 1 \quad （DB\ 33/1015-2015:J.0.1-1）$$
$$x = A/B \quad （DB\ 33/1015-2015:J.0.1-2）$$

式中　SD——外遮阳系数；

　　　x——外遮阳特征值，$x<1$ 时，取 $x=1$；

　　　a、b——拟合系数，按省标居建表 J.0.1（表 5-20）选取；

　　　A、B——外遮阳的构造定性尺寸，按省标居建图 J.0.1-1～图 J.0.1-5 确定。

《居住建筑节能设计标准》DB 33/1015—2015

表 A 水平和垂直外遮阳计算系数　　　　表 5-20

遮阳装置		拟合系数	东	南	西	北
水平式（图 J.0.1-1）		a	0.36	0.5	0.38	0.28
		b	—0.80	—0.80	—0.81	—0.54
垂直式（图 J.0.1-2）		a	0.24	0.33	0.24	0.48
		b	—0.54	—0.72	—0.53	—0.89
挡板式（图 J.0.1-3）		a	0.00	0.35	0.00	0.13
		b	—0.96	—1.00	—0.96	—0.93
固定横百叶挡板式（图 J.0.1-4）		a	0.50	0.50	0.52	0.37
		b	—1.20	—1.20	—1.30	—0.92
固定竖百叶挡板式（图 J.0.1-5）		a	0.00	0.16	0.19	0.56
		b	—0.66	—0.92	—0.71	—1.16
活动横百叶挡板式（图 J.0.1-4）	冬	a	0.23	0.03	0.23	0.20
		b	—0.66	—0.47	—0.69	—0.62
	夏	a	0.56	0.79	0.57	0.60
		b	—1.30	—1.40	—1.30	—1.30
活动竖百叶挡板式（图 J.0.1-5）	冬	a	0.29	0.14	0.31	0.20
		b	—0.87	—0.64	—0.86	—0.62
	夏	a	0.14	0.42	0.12	0.84
		b	—0.75	—1.11	—0.73	—1.47

5.5 居住建筑户门节能设计

传热系数 K 值要求　　　　　　　　　　表 5-21

省标居建	通往封闭空间	$K \leqslant 2.5$
	通往非封闭空间或户外	$K \leqslant 2.0$
国标公建	无相关要求	
国标农居	$K \leqslant 3.0$	

省标居建表 G.0.4 户门及阳台门的传热系数　　表 5-22

户门及阳台门名称	传热系数 K [W/(m² · K)]
多功能户门（具有保温、隔声、防盗等功能）	1.50
夹板门或蜂窝夹板门	2.50
双层玻璃门	2.50

5.6 透明幕墙节能设计防火要求

公通字〔2009〕46 第二章第五条幕墙式建筑规定与解读
　　　　　　　　　　　　　　　　　　　　表 5-23

透明幕墙应符合下列规定	对应材料与做法
（三）保温材料应采用不燃材料作防护层。防护层应将保温材料完全覆盖。防护层厚度建议按 2014 版《建筑设计防火规范》GB 50016	常见燃烧性能应为 A 级的透明幕墙保温材料：无机轻集料保温砂浆、保温棉（矿棉，岩棉，玻璃棉板、毡）、泡沫玻璃。
（四）采用金属、石材等非透明幕墙结构的建筑，应设置基层墙体，其耐火极限应符合现行防火规范关于外墙耐火极限的有关规定；玻璃幕墙的窗间墙、窗槛墙、裙墙的耐火极限和防火构造应符合现行防火规范关于建筑幕墙的有关规定	常见透明幕墙保温材料的不燃材料防护层：保温棉（矿棉，岩棉，玻璃棉板、毡）。常见防火封堵材料：保温棉（矿棉，岩棉，玻璃棉毡）
（五）基层墙体内部空腔及建筑幕墙与基层墙体、窗间墙、窗槛墙及裙墙之间的空间，应在每层楼板处采用防火封堵材料封堵	

备注：保温棉品种较多，具体参数详见附录 A。做法与热工计算见 3.4.1。

5.7 外窗节能设计防火要求

防火规范第 6.7.7 条文规定　　　　　　表 5-24

外保温材料燃烧性能	B1 级
公共建筑高度不高于 24m	建筑外墙上门、窗的耐火完整性不应低于 0.5h
住宅建筑高度不高于 27m	

5.8 注 意 措 施

相关参考文件　　　　　　　表 5-25

构造	国家建筑标准设计图集	《特种门窗》04J610—1； 《建筑节能门窗（一）》06J607—1； 《建筑外遮阳（一）》06J506—1
	浙江省建筑标准设计图集	《钢塑复合节能门窗》2004 浙 J53； 《铝合金门窗》2010 浙 J7
标准	中华人民共和国国家标准	《建筑采光设计标准》GB/T 50033—2001； 《中空玻璃》GB/T 11944—2002（代替 GB/T 11944—1989 GB/T 7020—1986）； 《建筑外门窗保温性能分级及检测方法》GB/T 8484—2008（代替 GB/T 8484—2008、GB/T 16729—1997）； 《建筑外窗气密、水密、抗风压性能分级及检测方法》GB/T 7106—2008（代替 GB/T 7106～7108—2002、GB/T 13685～13686—1992）； 《建筑幕墙》GB/T 21086—2007； 《玻璃幕墙光热性能》GB/T 18019—2015（代替 GB/T 18091—2000）
	中华人民共和国行业标准	《建筑玻璃应用技术规程》JGJ 113—2009
	浙江省工程建设标准	《建筑门窗应用技术规程》DB 33/1064—2009
改造	中华人民共和国行业标准《既有居住建筑节能改造技术规程》JGJ/T 129—2012； 中华人民共和国行业标准《公共建筑节能改造技术规范》JGJ 176—2009	
新能源	光伏	国家建筑标准设计图集《建筑太阳能光伏系统设计与安装》10J908—5

| 特殊 | 1. 门窗洞口位置对自然通风影响较大。
2. 在外墙保温层厚度不变的情况下，外窗设置外遮阳会影响能耗计算结果。
3. 内遮阳设施虽然可以遮挡阳光，避免太阳直接照射室内，但玻璃吸收和透过的所有热量几乎全部成为室内得热。所以在建筑节能设计规范中，通常是推荐外遮阳。
4. 按中华人民共和国行业标准《建筑遮阳工程技术规范》JGJ 237—2011 的4.1.4 条文建议：
(1) 南向、北向宜采用水平式遮阳或综合式遮阳；
(2) 东西向宜采用垂直或挡板式遮阳；
(3) 东南向、西南向宜采用综合式遮阳。
5. 在朝向窗墙比不大于 0.2 的情况下，传热 $K \leqslant 3.3$ 的塑钢（断热）普通中空玻璃窗，可满足规范要求。
6. 中华人民共和国行业标准《夏热冬冷地区居住建筑节能设计标准》JGJ 134—2010 对楼梯间、外走廊的窗不作要求。
7. 浙江省工程建设标准《居住建筑节能设计标准》DB 33/1015—2015 要求公共楼梯间、公共走廊外窗传热系数不应大于 $2.8\text{W}/(\text{m}^2 \cdot \text{K})$。
8. 居住建筑楼梯间、外走廊的窗必须满足中华人民共和国建设部公告第 659 号《建设部关于发布建设事业"十一五"推广应用和限制禁止使用技术（第一批）的公告》、建设发〔2010〕210 号《浙江省建设领域推广应用技术公告》、《浙江省建设领域淘汰和限制使用技术公告》要求，金属型材必须为断热型材，玻璃必须采用中空玻璃。
9. 中空玻璃稳态 U 值（传热系数）的计算及测定可以参考中华人民共和国国家标准《中空玻璃稳定状态下 U 值（传热系数）计算及测定》GB/T 22476—2008，当中空玻璃的间隔层一个以上时，其 U 值也可根据本标准的迭代法计算。
10. 除中华人民共和国行业标准《建筑门窗玻璃幕墙热工计算规程》JGJ/T 151—2008 外，Low-E 玻璃的传热系数亦可参考上海市工程建设规范《居住建筑节能设计标准》DGJ 08—205—2011 |

第6章 楼板及架空楼板节能设计

6.1 标准指标

楼板节能设计相关要求　　　表 6-1

	国标公建	省标居建					国标农居
传热系数 K 要求 $[W/(m^2 \cdot K)]$	无要求	空调供暖房间的下部空间与室外空气相通的楼板	空调供暖房间的分户楼板	设置地板辐射供暖系统的分户楼板			无要求
				楼层间	与土壤或者非空调供暖空间相邻	底部接触空气的架空或外挑楼板	
		$K \leqslant 1.8$	$K \leqslant 2.0$	$K \leqslant 2.0$	$K \leqslant 1.4$	$K \leqslant 1.0$	
综合判断限值	—	$K \leqslant 2.0$		不允许突破			

架空楼板节能设计相关要求　　　表 6-2

	国标公建		省标居建		国标农居
传热系数 K 要求 $[W/(m^2 \cdot K)]$	甲类	乙类	体形系数$\leqslant$0.4	体形系数>0.4	无要求
	$K \leqslant 0.7$	$K \leqslant 1.0$	$K \leqslant 1.5$	$K \leqslant 1.0$	
综合判断限值	—		$K \leqslant 2.0$		无要求

注：架空楼板包括底部接触空气的架空或外挑楼板。

6.2 常用材料及主要计算参数

常用楼板节能构造材料　　　表 6-3

基层屋面板	钢筋混凝土板
保温材料	1. 无机轻集料保温砂浆 A 型； 2. 挤塑聚苯板（XPS）； 3. 模塑聚苯板（EPS）； 4. 保温棉（矿棉，岩棉，玻璃棉板、毡），其品种较多，具体详见附录 A

建筑节能主要计算参数　　　　　　表 6-4

材料名称	引用规范	导热系数	修正系数	相同厚度下，相当于XPS热工性能百分比
挤塑聚苯板	浙江省工程建设标准《居住建筑节能设计标准》DB 33/1015—2015；浙江省标准《浙江省公共建筑节能设计标准》DB 33/1036—2007	0.030	1.2	—
模塑聚苯板		0.041	1.3	67.54%
保温棉		0.044	1.3	62.94%
无机保温砂浆A型	浙江省工程建设标准《无机轻集料保温砂浆及系统技术规程》DB 33/T1054—2008	0.100	1.25	28.80%

"浙江省工程建设标准《居住建筑节能设计标准》DB 33/1015—2015"、"中华人民共和国国家标准《公共建筑节能设计标准》GB 50189—2015"优先

6.3　居住建筑常用做法

6.3.1　住宅：分户楼板设计

27mm 无机保温砂浆 A 型（板上，仅供参考）　　表 6-5

各层材料名称	厚度(mm)	导热系数 [W/(m·K)]	修正系数	修正后导热系数 [W/(m·K)]	蓄热系数 [W/(m²·K)]	修正后蓄热系数 [W/(m²·K)]	热阻值 [(m²·K)/W]	热惰性指标
抗裂砂浆（网格布）	12	0.930	1.0	0.930	11.311	11.311	0.013	0.146
无机保温砂浆A型	27	0.100	1.25	0.125	1.800	2.250	0.216	0.486
钢筋混凝土楼板	100	1.740	1.0	1.740	17.200	17.200	0.057	0.989
合计	139	—	—	—	—	—	0.286	1.62
楼板传热阻 [(m²·K)/W]	$R_0 = R_i + \sum R + R_i = 0.506$					注：R_i 取 0.11		
楼板传热系数 [W/(m²·K)]	$K = 1/R_0 = 1.98$							
省标居建4.2.13条文规定	空调供暖房间							
	$K \leqslant 2.0$							

42mm 无机保温砂浆 A 型（板上，仅供参考）　　　表 6-6

各层材料名称	厚度(mm)	导热系数 [W/(m·K)]	修正系数	修正后导热系数 [W/(m·K)]	蓄热系数 [W/(m²·K)]	修正后蓄热系数 [W/(m²·K)]	热阻值 [(m²·K)/W]	热惰性指标
抗裂砂浆（网格布）	12	0.930	1.0	0.930	11.311	11.311	0.013	0.146
无机保温砂浆 A 型	42	0.100	1.25	0.125	1.800	2.250	0.336	0.756
钢筋混凝土楼板	100	1.740	1.0	1.740	17.200	17.200	0.057	0.989
合计	154	—	—	—	—	—	0.406	1.890
楼板传热阻 [(m²·K)/W]	$R_0=R_i+\sum R+R_e=0.556$					注：R_i 取 0.11，R_e 取 0.04		
楼板传热系数 [W/(m²·K)]	$K=1/R_0=1.797$							
省标居建 4.2.13 条文规定	空调供暖房间的下部空间与室外空气相通							
	$K\leqslant1.8$							

20mm 挤塑聚苯板发热电缆采暖楼板（构造 1）　　　表 6-7

各层材料名称	厚度(mm)	导热系数 [W/(m·K)]	修正系数	修正后导热系数 [W/(m·K)]	蓄热系数 [W/(m²·K)]	修正后蓄热系数 [W/(m²·K)]	热阻值 [(m²·K)/W]	热惰性指标
细石混凝土	35	1.510	1.0	1.510	15.360	15.360	0.023	0.356
隔离层	0	—	—	—	—	—	—	—
挤塑聚苯板	20	0.030	1.2	0.036	0.320	0.384	0.556	0.213
界面剂	0	—	—	—	—	—	—	—
钢筋混凝土楼板	100	1.740	1.0	1.740	17.200	17.200	0.057	0.989
合计	155	—	—	—	—	—	0.636	1.558
楼板传热阻 [(m²·K)/W]	$R_0=R_i+\sum R+R_i=0.856$					注：R_i 取 0.11		
楼板传热系数 [W/(m²·K)]	$K=1/R_0=1.168$							
挤塑聚苯板厚度变化时，楼板热工参数								
厚度（mm）		30			40			
传热系数 K		0.882			0.708			
省标居建 4.2.13 条文规定		楼层间			与土壤或者非空调供暖空间相邻			
		$K\leqslant2.0$			$K\leqslant1.4$			

30mm 挤塑聚苯板发热电缆采暖楼板（构造1）　　　表 6-8

各层材料名称	厚度（mm）	导热系数 [W/(m·K)]	修正系数	修正后导热系数 [W/(m·K)]	蓄热系数 [W/(m²·K)]	修正后蓄热系数 [W/(m²·K)]	热阻值 [(m²·K)/W]	热惰性指标
细石混凝土	35	1.510	1.0	1.510	15.360	15.360	0.023	0.356
隔离层	0	—	—	—	—	—	—	—
挤塑聚苯板	30	0.030	1.2	0.036	0.320	0.384	0.833	0.320
界面剂	0	—	—	—	—	—	—	—
钢筋混凝土楼板	100	1.740	1.0	1.740	17.200	17.200	0.057	0.989
合计	165	—	—	—	—	—	0.914	1.665
楼板传热阻 [(m²·K)/W]	$R_0 = R_i + \sum R + R_e = 1.064$					注：R_i 取 0.11，R_e 取 0.04		
楼板传热系数 [W/(m²·K)]	$K = 1/R_0 = 0.940$							

挤塑聚苯板厚度变化时，楼板热工参数		
厚度（mm）	40	50
传热系数 K	0.745	0.617
省标居建 4.2.13 条文规定	底部接触空气的架空或外挑楼板	
	$K \leqslant 1.0$	

20mm 挤塑聚苯板加热管采暖楼板（构造2）　　　表 6-9

各层材料名称	厚度（mm）	导热系数 [W/(m·K)]	修正系数	修正后导热系数 [W/(m·K)]	蓄热系数 [W/(m²·K)]	修正后蓄热系数 [W/(m²·K)]	热阻值 [(m²·K)/W]	热惰性指标
细石混凝土	50	1.510	1.0	1.510	15.360	15.360	0.033	0.509
隔离层	0	—	—	—	—	—	—	—
挤塑聚苯板	20	0.030	1.2	0.036	0.320	0.384	0.556	0.213
界面剂	0	—	—	—	—	—	—	—
钢筋混凝土楼板	100	1.740	1.0	1.740	17.200	17.200	0.057	0.989
合计	170	—	—	—	—	—	0.646	1.710
楼板传热阻 [(m²·K)/W]	$R_0 = R_i + \sum R + R_i = 0.866$					注：R_i 取 0.11		

各层材料名称	厚度（mm）	导热系数 [W/(m·K)]	修正系数	修正后导热系数 [W/(m·K)]	蓄热系数 [W/(m²·K)]	修正后蓄热系数 [W/(m²·K)]	热阻值 [(m²·K)/W]	热惰性指标
楼板传热系数 [W/(m²·K)]	$K=1/R_0=1.155$							
挤塑聚苯板厚度变化时，楼板热工参数								
厚度（mm）	30				40			
传热系数 K	0.874				0.703			
省标居建 4.2.13 条文规定	楼层间			与土壤或者非空调供暖空间相邻				
	$K \leqslant 2.0$			$K \leqslant 1.4$				

30mm 挤塑聚苯板加热管采暖楼板（构造2） 表 6-10

各层材料名称	厚度（mm）	导热系数 [W/(m·K)]	修正系数	修正后导热系数 [W/(m·K)]	蓄热系数 [W/(m²·K)]	修正后蓄热系数 [W/(m²·K)]	热阻值 [(m²·K)/W]	热惰性指标
细石混凝土	50	1.510	1.0	1.510	15.360	15.360	0.033	0.509
隔离层	0	—	—	—	—	—	—	—
挤塑聚苯板	30	0.030	1.2	0.036	0.320	0.384	0.833	0.320
界面剂	0	—	—	—	—	—	—	—
钢筋混凝土楼板	100	1.740	1.0	1.740	17.200	17.200	0.057	0.989
合计	165	—	—	—	—	—	0.924	1.817
楼板传热阻 [(m²·K)/W]	$R_0=R_i+\sum R+R_e=1.074$				注：R_i 取 0.11，R_e 取 0.04			
楼板传热系数 [W/(m²·K)]	$K=1/R_0=0.931$							
挤塑聚苯板厚度变化时，楼板热工参数								
厚度（mm）	40				50			
传热系数 K	0.740				0.614			
省标居建 4.2.13 条文规定	底部接触空气的架空或外挑楼板							
	$K \leqslant 1.0$							

6.3.2 住宅：底部接触空气的架空或外挑楼板设计

27mm 无机保温砂浆 A 型＋15mm 矿（岩）棉 或玻璃棉板

表 6-11

各层材料名称	厚度(mm)	导热系数[W/(m·K)]	修正系数	修正后导热系数[W/(m·K)]	蓄热系数[W/(m²·K)]	修正后蓄热系数[W/(m²·K)]	热阻值[(m²·K)/W]	热惰性指标
抗裂砂浆（网格布）	12	0.930	1.0	0.930	11.311	11.311	0.013	0.146
无机保温砂浆 A 型	27	0.100	1.25	0.125	1.800	2.250	0.216	0.486
钢筋混凝土楼板	100	1.740	1.0	1.740	17.200	17.200	0.057	0.989
保温棉	15	0.044	1.3	0.057	0.750	0.975	0.262	0.256
纸面石膏板	7	0.330	1.0	0.330	5.280	5.280	0.021	0.112
合计	161	—			—		0.570	1.988
楼板传热阻[(m²·K)/W]	$R_0=R_i+\sum R+R_e=0.720$					注：R_i 取 0.11，R_e 取 0.04		
楼板传热系数[W/(m²·K)]	$K=1/R_0=1.389$							

无机轻集料保温砂浆 A 型厚度不变，保温棉厚度变化时，架空楼板传热系数				
厚度（mm）	20	25	30	35
传热系数 K	1.239	1.118	1.018	0.935
省标居建 4.1.12 条的要求	体形系数≤0.4		体形系数>0.4	
	$K≤1.5$		$K≤1.0$	

6.4 公共建筑常用做法

6.4.1 公建：底部接触室外空气的架空和外挑楼板设计

45mm 矿（岩）棉或玻璃棉板   表 6-12

各层材料名称	厚度（mm）	导热系数 [W/(m·K)]	修正系数	修正后导热系数 [W/(m·K)]	蓄热系数 [W/(m²·K)]	修正后蓄热系数 [W/(m²·K)]	热阻值 [(m²·K)/W]	热惰性指标
地面面层	0	—	—	—	—	—	—	—
细石混凝土	30	1.510	1.0	1.510	15.360	15.360	0.020	0.305
钢筋混凝土楼板	100	1.740	1.0	1.740	17.200	17.200	0.057	0.989
保温棉	45	0.044	1.3	0.057	0.750	0.975	0.787	0.767
纸面石膏板	7	0.330	1.0	0.330	5.280	5.280	0.021	0.112
合计	182	—	—	—	—	—	0.885	2.173
楼板传热阻 [(m²·K)/W]	$R_0 = R_i + \sum R + R_e = 1.035$				注：R_i 取 0.11，R_e 取 0.04			
楼板传热系数 [W/(m²·K)]	$K = 1/R_0 = 0.966$							

矿（岩）棉或玻璃棉板厚度变化时，架空楼板传热系数

计算厚度（mm）	50	55	60	65	70
传热系数 K	0.891	0.826	0.771	0.722	0.679
国标公建 3.3.1、3.3.2 条文的要求	甲类		乙类		
	$K \leqslant 0.7$		$K \leqslant 1.0$		

40mm 模塑聚苯板（板面保温）   表 6-13

各层材料名称	厚度（mm）	导热系数 [W/(m·K)]	修正系数	修正后导热系数 [W/(m·K)]	蓄热系数 [W/(m²·K)]	修正后蓄热系数 [W/(m²·K)]	热阻值 [(m²·K)/W]	热惰性指标
细石混凝土（配筋）	40	1.740	1.0	1.740	17.200	17.200	0.023	0.395
模塑聚苯板	40	0.041	1.3	0.055	0.360	0.468	0.750	0.351

续表

各层材料名称	厚度(mm)	导热系数〔W/(m·K)〕	修正系数	修正后导热系数〔W/(m·K)〕	蓄热系数〔W/(m²·K)〕	修正后蓄热系数〔W/(m²·K)〕	热阻值〔(m²·K)/W〕	热惰性指标
钢筋混凝土楼板	100	1.740	1.0	1.740	17.200	17.200	0.057	0.989
水泥砂浆	20	0.930	1.0	0.930	11.370	11.370	0.022	0.245
合计	200	—	—	—	—	—	0.852	1.980
楼板传热阻〔(m²·k)/W〕	$R_0 = R_i + \sum R + R_e = 1.002$					注：R_i 取 0.11，R_e 取 0.04		
楼板传热系数〔W/(m²·K)〕	$K = 1/R_0 = 0.998$							

模塑聚苯板厚度变化时，架空楼板传热系数

计算厚度（mm）	45		50		55	
传热系数 K	0.912		0.840		0.779	
计算厚度（mm）	60		65		70	
传热系数 K	0.726		0.680		0.639	
国标公建 3.3.1、3.3.2 条文的要求	甲类			乙类		
	$K \leqslant 0.7$			$K \leqslant 1.0$		

30mm挤塑聚苯板（板面保温）   表 6-14

各层材料名称	厚度(mm)	导热系数〔W/(m·K)〕	修正系数	修正后导热系数〔W/(m·K)〕	蓄热系数〔W/(m²·K)〕	修正后蓄热系数〔W/(m²·K)〕	热阻值〔(m²·K)/W〕	热惰性指标
细石混凝土（配筋）	40	1.740	1.0	1.740	17.200	17.200	0.023	0.395
挤塑聚苯板	30	0.030	1.2	0.036	0.320	0.384	0.833	0.320
钢筋混凝土楼板	100	1.740	1.0	1.740	17.200	17.200	0.057	0.989
水泥砂浆	20	0.930	1.0	0.930	11.370	11.370	0.022	0.245
合计	190	—	—	—	—	—	0.935	1.948
楼板传热阻〔(m²·K)/W〕	$R_0 = R_i + \sum R + R_e = 1.085$					注：R_i 取 0.11，R_e 取 0.04		

续表

各层材料名称	厚度(mm)	导热系数〔W/(m·K)〕	修正系数	修正后导热系数〔W/(m·K)〕	蓄热系数〔W/(m²·K)〕	修正后蓄热系数〔W/(m²·K)〕	热阻值〔(m²·K)/W〕	热惰性指标
楼板传热系数〔W/(m²·K)〕				$K=1/R_0=0.921$				

挤塑聚苯板厚度变化时，架空楼板传热系数			
计算厚度（mm）	35	40	45
传热系数 K	0.817	0.734	0.666
国标公建 3.3.1、3.3.2 条文的要求	甲类		乙类
	$K \leqslant 0.7$		$K \leqslant 1.0$

6.4.2 公建：计算机机房楼板设计

20mm 矿（岩）棉或玻璃棉板　　　　　　　表 6-15

各层材料名称	厚度(mm)	导热系数〔W/(m·K)〕	修正系数	修正后导热系数〔W/(m·K)〕	蓄热系数〔W/(m²·K)〕	修正后蓄热系数〔W/(m²·K)〕	热阻值〔(m²·K)/W〕	热惰性指标
地面面层	—	—	—	—	—	—	—	—
架空地板	350	—	—	—	—	—	—	—
保温棉	20	0.044	1.3	0.057	0.750	0.975	0.350	0.341
钢筋混凝土楼板	100	1.740	1.0	1.740	17.200	17.200	0.057	0.989
合计	120	—	—	—	—	—	0.407	1.329
楼板传热阻(m²·K)/W	$R_0=R_i+\sum R+R_e=0.557$				注：R_i 取 0.11，R_e 取 0.04			
楼板传热系数 W/(m²·K)				$K=1/R_0=1.795$				

保温棉厚度变化时，机房楼板传热系数				
计算厚度（mm）	25	30	35	40	45
传热系数 K	1.552	1.366	1.220	1.103	1.006
计算厚度（mm）	50	55	60	65	70
传热系数 K	0.925	0.855	0.796	0.744	0.699

6.5 常用材料变更比较

相同热工性能下，材料厚度换算（单位：mm） 表 6-16

挤塑聚苯板（XPS）	30	35	40	45
模塑聚苯板（EPS）	45	52	60	67
保温棉（矿棉，岩棉，玻璃棉板、毡）	48	56	64	72
无机保温砂浆 A 型	105	122	139	157

6.6 注 意 措 施

相关参考文件 表 6-17

构造	国家建筑标准设计图集	《楼地面建筑构造》12J304
	浙江省建筑标准设计图集	《建筑地面》2000 浙 J37
标准	中华人民共和国行业标准	《地面辐射供暖技术规程》JGJ 142—2012
	中华人民共和国国家标准	《电子信息系统机房设计规范》GB 50174—2008；《计算机场地通用规范》GB/T 2887—2011
特殊		1. 对有特殊保温需求的房间（如需要恒温恒湿的计算机房），其上下楼板应作节能处理，建议下楼板选用 $K \leqslant 1.5$ 的构造做法，上楼板（顶板）选用 $K \leqslant 1.5$ 的架空楼板构造做法。 2. 住宅架空楼板也可选用公建架空楼板的构造做法

第7章 天然采光及自然通风与节能设计

7.1 标 准 指 标

甲类公共建筑的透光材料的可见光透射比要求 表 7-1

窗墙面积比类别	限值
窗墙比＜0.4	≥0.6
窗墙比≥0.4	≥0.4

居住建筑人员长期停留房间的内表面可见光反射比要求 表 7-2

建筑类别	卧室、起居室（厅）、厨房	每套外窗（包括阳台门）通风开口面积	
居住建筑	应有自然通风	北区	≥地面面积的 5%
		南区	≥地面面积的 8%，或外窗面积的 45%

公共建筑外窗及透光幕墙的通风换气要求 表 7-3

建筑类别	可开启窗扇	有效通风换气面积	透光幕墙受条件限值无法设置可开启窗扇时
甲类	应设	不宜小于所在房间外墙面积的 10%	应设置通风换气装置
乙类	—	不宜小于窗面积的 10%	

注：表中提及的有效通风换气面积应为开启扇面积和窗开启后空气流通界面面积的较小值。

建筑物的通风换气要求 表 7-4

建筑类别	中庭		建筑间
	自然通风降温	加强措施	
公共建筑	应充分利用	机械排风装置	—
居住建筑	无要求		应组织良好的自然通风

注：当平开窗、悬窗、翻转窗的最大开启角度小于 45°时，通风开口面积应按外窗可开启面积的 1/2 计算。

居住建筑功能房间的通风换气要求 表 7-5

建筑类别	卧室、起居室（厅）、厨房	每套外窗（包括阳台门）通风开口面积	
居住建筑	应有自然通风	北区	≥地面面积的 5%
		南区	≥地面面积的 8%，或外窗面积的 45%

7.2 注意措施

相关参考文件

1. 中华人民共和国国家标准《建筑采光设计标准》GB 50033—2013；

2. 浙江省工程建设标准《居住建筑风环境和热环境设计标准》DB 33/1111—2015；

3. 浙江省工程建设标准《民用建筑绿色设计标准》DB 33/1092—2013。

第 8 章　建筑节能设计分析软件与权衡判断

8.1　DOE-2 与建筑节能设计分析软件

根据浙江省建设厅于 2009 年 8 月 31 日发布，并于 2009 年 10 月 1 日起实施的《关于进一步加强我省民用建筑节能设计技术管理的通知》（建设发〔2009〕218 号）要求："节能计算软件必须满足浙江省标准《公共建筑节能设计标准》DB 33/1036—2007 及浙江省标准《居住建筑节能设计标准》DB 33/1015—2003 的内容，并应以 DOE-Ⅱ 为核心、采用标准配套提供的浙江省各地气象参数。并应通过省建设主管部门组织的、标准编制组参与的鉴定，方可有效。"

建设发〔2009〕218 号文件中提到的 DOE-Ⅱ 核心即 DOE-2 计算内核。其为在美国能源部为首的多个单位提供的支持下，由劳伦斯伯克利国家实验室（Lawrence Berkeley National Laboratory，LBNL）、赫希及其联盟（HirSCh & Associates）、顾问计算局、洛斯阿拉莫斯国家实验室（Los Alamos National Laboratory，LANL）、阿尔贡国家实验室（Argonne National Laboratory，ANL）和巴黎大学开发，采用 FORTRAN 语言编写的软件。20 世纪 70 年代末投入运行，目前最新版本为 2.2，曾用于白宫、世贸中心、美国国务院等工程的建筑能耗计算。除美国外，DOE-2 还被其他 40 多个国家用作建筑节能设计的计算工具，该计算内核的运行流程如图 8-1 所示：

DOE-2 计算内核可以提供整幢建筑物逐时的能量消耗分析，用于计算系统运行过程中的能效和总费用，也可以用来分析围护结构（包括屋顶、外墙、外窗、地面、楼板、内墙等）、空调系统，电器设备和照明对能耗的影响。因为默认设备为美国产品，所以经济分析也仅适用于美国，因此在国内使用时建筑能耗计算只需输出负荷（能耗）报告、系统报告。

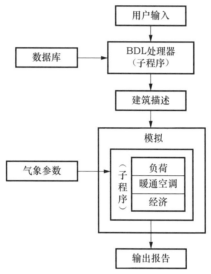

图 8-1 DOE-2 计算内核的运行流程示意

在北美研究界，多数情况下 DOE-2 是以计算内核形式存在。应用上更多时候采用的是基于 DOE-2 和 BLAST 的 EnergyPlus 能耗分析软件以及基于 DOE-2 开发的 eQUEST 能耗分析软件。

目前在浙江省地区采用的建筑节能分析软件主要为天正建筑节能分析软件 TBEC、PKPM 建筑节能分析软件 PBECA、斯维尔节能分析软件 BECS。这三种软件均为在 Autodesk 公司的 AutoCAD 平台上开发，以 DOE-2 作为计算内核的建筑节能分析软件，是比较科学实用的软件，可以大幅度降低建筑设计人员进行建筑节能分析的劳动强度，并提高劳动效率，减少工程误差，且设计人员可以根据计算的结果进行设计方案的调整和优化，在保证和提高建筑舒适性的条件下，使得设计更加合理。

8.2 综合判断（权衡判断）的规定

现行的民用建筑节能设计标准都提到了一个概念——综合判断

（权衡判断），即为尊重建筑师的创意，在设计过程中，即便有违反强制性条文的做法，也不一定会因此不能通过审查，可以通过提高建筑其他部分的性能来满足整体建筑的计算能耗。

但根据中华人民共和国行业标准《夏热冬冷地区居住建筑节能设计标准》JGJ 134—2010 中第 4 部分建筑和围护结构热工设计的 4.0.4 条文说明，权衡判断只涉及屋面、外墙、外窗等与室外空气直接接触的外围护结构。

中华人民共和国国家标准《农村居住建筑节能设计标准》GB/T 50824—2013 未对综合判断（权衡判断）提出要求。

浙江省工程建设标准《居住建筑节能设计标准》DB 33/1015—2015 在"5 建筑节能综合指标"章节，对允许进行权衡判断的部位作了指标限值规定。

中华人民共和国国家标准《公共建筑节能设计标准》GB 50189—2015 在"3.4 围护结构热工性能的权衡判断"，也对允许进行权衡判断的部位作了指标限值规定。

8.3 绿建斯维尔节能设计软件

绿建斯维尔节能设计软件在国内有众多的用户，该软件由北京绿建软件有限公司研发，近年来北京绿建软件有限公司参编了多部国家及地方节能标准，包括住建部《公共建筑节能分析标准》GB 50189—2015 和浙江省《居住建筑节能设计标准》DB 33/1015—2015。软件在 AutoCAD2004～AutoCAD2015 版本上进行二次开发，以 DOE-Ⅱ 作为节能分析计算内核，直接使用建筑设计成果，大大降低了建筑节能分析的劳动强度，提高劳动效率，减少工程误差，且设计人员可以根据计算的结果进行设计方案的调整和优化，在保证和提高建筑舒适性的条件下，使得设计更加合理。

北京绿建软件有限公司致力于绿色建筑系列软件的研发，首创一模多算的工作理念，推出的绿色建筑全系列软件包括建筑采光、建筑日照、建筑室内外风环境模拟、建筑声环境模拟、建筑热环境分析、暖通负荷计算、建筑能耗分析等软件，一模多算，大大提高

128

了绿色建筑设计的效率。

绿建斯维尔建筑节能设计软件主要功能有节能模型的建立、节能设置、节能计算、节能报告输出几大部分，其工作流程如图 8-2 所示：

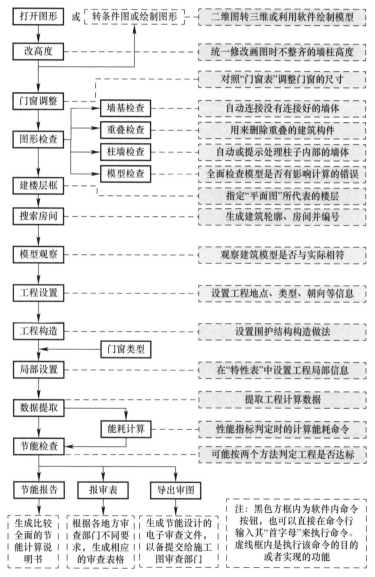

图 8-2 绿建斯维尔建筑节能设计软件操作流程

8.3.1 计算模型的建立

节能模型可以直接使用已有图形，软件提供的建筑建模工具绘制，二维条件图转换三种途径取得：

（1）对于绿建 AMEP 软件和天正 5.0 以上绘制的含有三维信息的 dwg 图形可以直接打开作为节能模型；

（2）利用节能软件提供的轴网、墙体和门窗等绘制功能来生成节能模型；

（3）提供从二维到三维的转换功能，可以智能识别转换天正 3 和理正建筑图，或者其他来源的二维 dwg 图档，并为此提供了灵活实用的辅助功能。

对于节能模型，软件提供了墙柱、门窗等重叠检查和墙柱连接检查等功能，同时提供关键显示切换，以方便简洁地查看节能模型。

特色：【模型观察】命令提供设计建筑与参考建筑的查看选项，在查看设计建筑时，使用鼠标右键可以查看到设计建筑墙柱等每个元素的构造做法及参数，使用"CRTL＋鼠标右键"可以查看到房间特性，特别是查看参考建筑时，可以查询到软件根据相应节能标准选用的参考建筑取值及参数，为施工图审查及节能评估提供了检查模型参数是否准确的工具，而参考建筑的能耗计算一直以来都是节能专家认为的黑盒子，绿建斯维尔节能软件提供模型观察工具也打消了专家的疑虑。

8.3.2 边界条件的设置

节能设置主要包括工程设置，工程构造定义，房间功能定义，门窗类型及遮阳设置等。

1. 工程设置

在【工程设置】中"工程信息"选项卡，主要是选择工程地理位置，建筑类型（居住、公建），选用的节能标准，热桥计算方法，建筑朝向等，在"其他设置"选项卡中有建筑体形特征，楼梯间与阳台是否采暖，建筑上下边界是否绝热，是否启用环境遮阳以及大柱子的处理，节能报告上是否需要平面简图等选择，如图 8-3、图 8-4 所示。

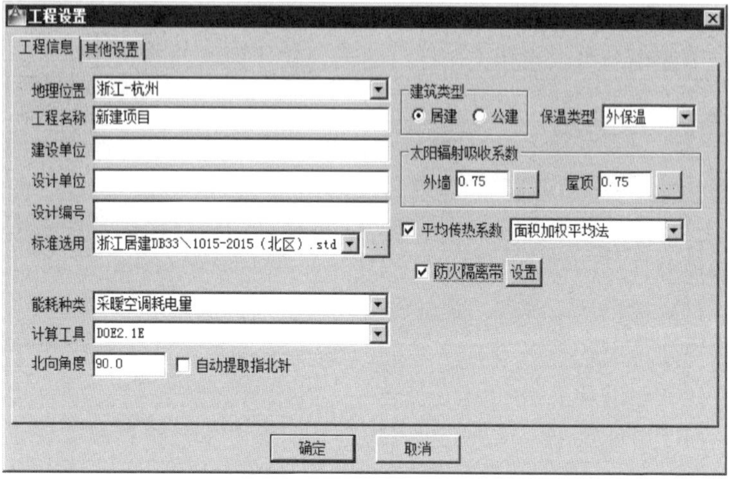

图 8-3　工程设置 1

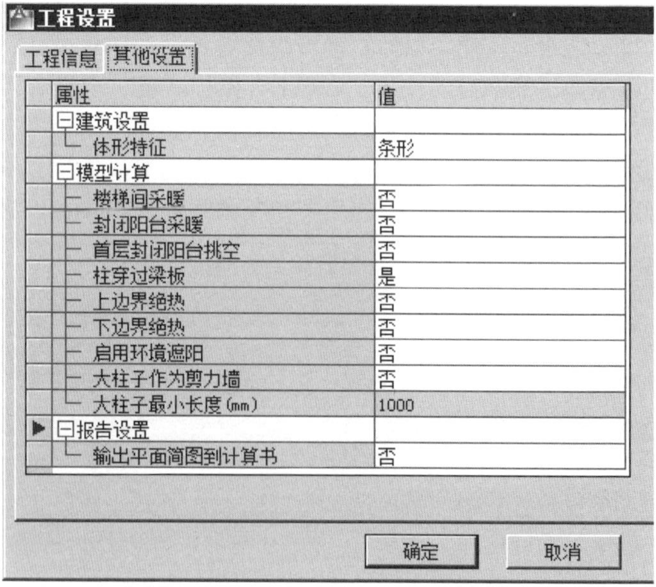

图 8-4　工程设置 2

　　对于浙江省的居住建筑：目前选用省标居建，用户根据工程的地理位置选择南区或北区，根据浙江居住标准，温州、台州、丽水为南区，杭州、宁波等其他地区为北区，热桥选用面积加权平均法，并根据需要设置防火隔离带，在"其他设置"选项卡中，建筑下边界（地面或底商住宅部分的底板）选择绝热，其余项根据具体情况和需要选择（注："其他设置"选项卡中的内容不一定对所有地区都起作用）。

如果是公共建筑，浙江省目前采用国标公建，并根据项目规模选用甲类或乙类（建筑面积大于 $300m^2$ 为甲类，其他为乙类），热桥选用简化修正系数法（软件提供了面积加权平均法的选择，但并不推荐使用，除非当地的图审一定要使用该方法。精确的算法是采用线传热系数法，但由于计算操作复杂且在夏热冬冷区热桥对整个建筑节能影响有限，故不建议使用），对于底商形式的建筑中，如果公建屋顶与住宅底板全部重叠，公建上边界绝热项选择"是"，当公建屋顶大于住宅底面，公建上边界绝热选择"否"，并在住宅下部对应的房间区域绘制平屋顶，在屋顶属性表中"边界条件"项选择"绝热"。所有设置都可以在【模型观察】中查询到设置结果。

外墙和屋顶的太阳辐射吸收系数，软件中加入了隔热反射涂料的参数，对于隔热反射涂料，是辅助节能，反射隔热涂料应与其他保温系统复合使用，而且专家对其起到的实际效果及长久性表示怀疑，所以请在咨询本地图审和节能评估公司的专家后选用。

2. 工程构造

【工程构造】命令是节能设置的重要命令，一个构造由单层或若干层一定厚度的材料按一定顺序叠加而成，组成构造的基本元素是建筑材料，软件提供了基本的【材料库】和常用的【构造库】，【工程构造】中的构造可以从【构造库】中选取导入，也可以即时手工创建。

【工程构造】用一个表格形式的对话框管理本工程用到的全部构造。每个类别下至少要有一种构造。如果一个类别下有多种构造，则位居第一位者作为默认值赋给模型中对应的围护结构，位居第一位后面的构造需采用【局部设置】赋给围护结构。软件提供默认的工程构造，同时提供导出当前构造和导入构造的命令。

工程构造分为"外围护结构"、"地下围护结构"、"内围护结构"、"门"、"窗"、"材料"六个选项卡（在定义了防火隔离带后，系统会自动增加"防火隔离带"选项卡）。前几项列出的【构造】赋给了当前建筑物对应的围护结构，"材料"项则是组成这些构造所需的材料以及每种材料的热工参数。构造的编号由系统自动统一编制。

对话框下边的表格中显示当前选中构造的材料组成，材料的顺序是从上到下或从外到内。图 8-5 中右边的图示是根据左边的表格绘制的，点击它后可以用鼠标滚轮进行缩放和平移。表格下方是构造的热工参数。

在【工程构造】命令中，仅材料的厚度和修正系数可以调整，材料热工参数不能修改，设计师在使用过程中需要对材料的热工参数和修正系数进行认真的复核，相同的材料在不同的地区认可的热工参数和修正系数有可能不同，相同的材料用在建筑不同的部位其修正系数也可能不一样。

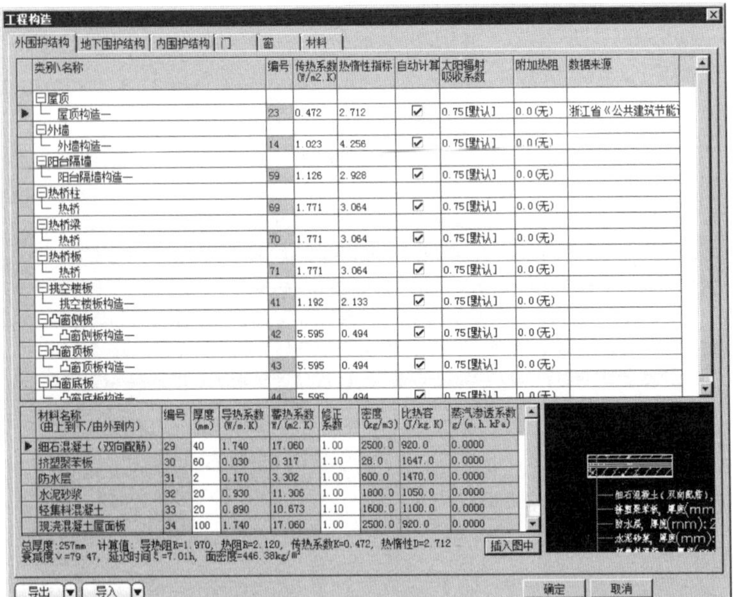

图 8-5　工程构造

3. 门窗设置

门窗设置包括【门窗类型】和【遮阳类型】两个命令，【门窗
类型】命令用来设置、检查和批量修改门窗与节能有关的参数，包
括门窗编号、开启比例、气密性等级和构造。外窗的遮阳由【遮阳
类型】设置和管理，因为相同编号的外窗可能会有不同的遮阳形
式。外遮阳形式有平板遮阳、百叶遮阳和自定义活动遮阳。

4. 房间类型

【房间类型】命令是将软件预先定义好的房间类型赋值给设计
工程的房间，房间的设计温度、湿度、新风量等参数不需要用户设
置，软件已经按照选用的标准预先设置了，如图 8-6、图 8-7 所示。

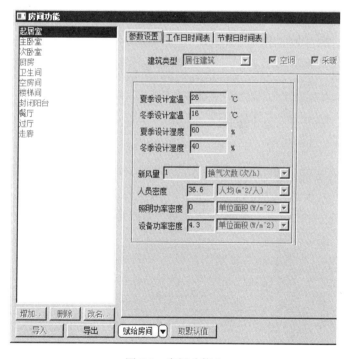

图 8-6　房间功能 1

8.3.3　节能计算

节能计算主要包括【能耗计算】、【节能检查】、【隔热计算】、
【结露检查】、【防潮验算】等命令组成。

图 8-7 房间功能 2

【能耗计算】命令根据所选标准中规定的评估方法和所选能耗种类，计算设计建筑和参考建筑的能耗，用于在规定性指标检查不满足时，采用综合权衡判定的情况。节能标准和能耗种类由【工程设置】命令选择。

【节能检查】命令是当完成建筑物的工程构造设定和能耗计算后，执行本命令进行节能检查可以知道节能设计是否符合标准要求，分别对应规定性指标检查和性能权衡评估，在规定性指标页面，还可以看到各规定性指标是否满足性能权衡的前提要求。

【隔热计算】命令是应节能标准和绿色建筑评价标准的要求，对 $D<2.0$ 的东西向外墙和屋顶进行隔热验算以判定是否满足节能标准和热工实际规范的要求，隔热计算命令可以直接输出完整的计算书。

【结露检查】命令是应节能标准和绿色建筑评价标准的要求设

置的，以满足建筑围护结构内表面不得结露的要求，并根据不同的热桥形式输出计算结果。

软件还提供了【防潮验算】功能，可以输出完整的防潮验算报告。

8.3.4 节能报告

节能报告部分包括【节能报告】和【报审表】两个命令，分别输出完整的建筑节能设计报告和各地主管部门需要的报审表。

【节能报告】命令，在进行了能耗计算后执行，【节能报告】可以输出建筑概况、面积、体形系数、窗墙比等大类指标，当前工程采用的主要材料、热工参数及参数来源依据，根据选定的节能设计标准逐项计算和判定是否达到节能标准的规定性指标要求，判定是否达到权衡判定的最低要求，如果达到，输出权衡判定的分析结果，并给出是否节能达标的结论。

【报审表】命令是按各地节能报审材料的要求，输出符合当地要求的报审表主要内容，用户只要稍加完善就可以形成完整的报审表。

8.3.5 权衡判断案例

1. 案例1 某居住建筑工程概况

工程位于浙江南部温州，为10层纯住宅建筑，采用省标居建，项目主要参数信息和能耗结果如下：

建筑信息：

工程名称：××小区××号楼

工程地点：浙江温州

地理位置：北纬：28.03°，东经：120.65°

建筑面积：地上 5083m²，地下 0m²

建筑层数：地上 10，地下 0

建筑高度：地上 29.0m，地下 0.0m

建筑（节能计算）体积：15071.47m³

建筑（节能计算）外表面积：5477.40m²

北向角度：113°

结构类型：框架结构

外墙太阳辐射吸收系数：0.56

屋顶太阳辐射吸收系数：0.74

体形系数：

外表面积：5477.40

建筑体积：15071.47

体形系数：0.36

标准依据：省标居建第 4.1.5 条

标准要求：体形系数宜符合省标居建表 4.1.5 的规定（$s \leqslant 0.40$）

结论：满足

各朝向窗墙比 表 8-1

朝向	窗面积（m²）	墙面积（m²）	窗墙比	限值	结论
南向	590.40	1380.40	0.43	0.45	满足
北向	482.80	1380.40	0.35	0.40	满足
东向	58.80	719.20	0.08	0.20	满足
西向	58.80	719.20	0.08	0.20	满足
标准依据		省标居建第 4.2.1 条			
标准要求		各朝向窗墙比不超过限值			
结论		满足			

设计建筑与参照建筑的热工参数 表 8-2

	设计建筑	参照建筑
体形系数 S	0.36	0.36
屋顶传热系数 $K[\mathrm{W}/(\mathrm{m}^2 \cdot \mathrm{K})]$	0.66（$D=2.50$）	0.70
外墙（包括非透明幕墙）传热系数 $K[\mathrm{W}/(\mathrm{m}^2 \cdot \mathrm{K})]$	1.50（$D=3.88$）	1.80
屋顶透明部分传热系数 $K[\mathrm{W}/(\mathrm{m}^2 \cdot \mathrm{K})]$	—	—
屋顶透明部分遮阳系数	—	—
底面接触室外的架空或外挑楼板传热系数 $K[\mathrm{W}/(\mathrm{m}^2 \cdot \mathrm{K})]$	—	—
楼板 $K[\mathrm{W}/(\mathrm{m}^2 \cdot \mathrm{K})]$	1.75	2.00
分户墙 $K[\mathrm{W}/(\mathrm{m}^2 \cdot \mathrm{K})]$	1.92	2.00
通往封闭空间户门 $K[\mathrm{W}/(\mathrm{m}^2 \cdot \mathrm{K})]$	1.30	2.50
通往非封闭空间户门 $K[\mathrm{W}/(\mathrm{m}^2 \cdot \mathrm{K})]$	—	—

续表

	朝向	窗墙比	传热系数 [W/(m²·K)]	遮阳系数（夏季）	遮阳系数（冬季）	窗墙比	传热系数 [W/(m²·K)]	遮阳系数（夏季）	遮阳系数（冬季）
外窗（包括透明幕墙）	东向	0.08	普窗 2.40、凸窗 2.40	0.41	0.41	0.08	普窗 2.40、凸窗 2.16	0.40	—
	南向	0.43	普窗 2.40、凸窗 2.40	0.41	0.41	0.43	普窗 2.10、凸窗 2.16	0.35	—
	西向	0.08	普窗 2.40、凸窗 2.40	0.41	0.41	0.08	普窗 2.40、凸窗 1.98	0.40	—
	北向	0.35	普窗 2.40、凸窗 2.40	0.41	0.41	0.35	普窗 2.20、凸窗 1.89	—	—
室内参数和气象条件设置		1. 卧室、起居室冬季室内设计温度取 16℃，夏季室内设计温度取 26℃。 2. 换气次数取 1.0 次/h。 3. 空调额定能效比取 3.0。 4. 室内得热平均强度应取 4.3W/m²。 5. 采暖计算期应为当年 12 月 15 日至次年 2 月 15 日，空调计算期应为当年 6 月 15 日至 9 月 1 日（北区）；采暖计算期应为当年 1 月 1 日至次年 1 月 15 日，空调计算期应为当年 6 月 15 日至 9 月 15 日（南区）。							

设计建筑与参照建筑的权衡计算及节能判断 表 8-3

	设计建筑	参照建筑
采暖空调耗电量（kWh/m²）	18.52	18.88
空调耗电量（kWh/m²）	17.10	17.27
采暖耗电量（kWh/m²）	1.42	1.60
标准依据	省标居建第 5.0.3 条	
标准要求	设计建筑的能耗不得超过参照建筑的能耗	
结论	满足	

2. 案例 2 某公共建筑工程概况

工程位于浙江杭州，为 16 层办公建筑，采用《公共建筑节能设计标准》GB 50189—2015。

建筑信息：

工程名称：×××综合楼
工程地点：浙江杭州
地理位置：北纬：30.23°，东经：120.17°
建筑面积：地上 11405m²，地下 1800m²
建筑层数：地上 16，地下 2
建筑高度：地上 57.6m，地下 9.0m
建筑（节能计算）体积：41059.38m³
建筑（节能计算）外表面积：8815.81m²
北向角度：81°
结构类型：框架剪力墙结构
外墙太阳辐射吸收系数：0.75
屋顶太阳辐射吸收系数：0.75

各朝向窗墙比　　　　　　　　　　　表 8-4

朝向	立面	窗面积（m²）	墙面积（m²）	窗墙比
南向	立面 3	533.16	1930.11	0.28
北向	立面 4	367.47	1930.32	0.19
东向	立面 1	345.33	1974.60	0.17
西向	立面 2	460.08	1974.60	0.23
平均	立面 3	1706.04	7809.63	0.22

设计建筑与参照建筑的热工参数　　　　　表 8-5

				设计建筑	参照建筑
屋顶传热系数 $K[W/(m^2 \cdot K)]$				0.47（D：3.96）	0.50
外墙（包括非透明幕墙）传热系数 $K[W/(m^2 \cdot K)]$				0.73（D：4.13）	0.80
屋顶透明部分传热系数 $K[W/(m^2 \cdot K)]$				—	—
屋顶透明部分太阳得热系数				—	—
底面接触室外的架空或外挑楼板传热系数 $K[W/(m^2 \cdot K)]$				0.90	0.70

	朝向	窗墙比	传热系数	太阳得热系数	窗墙比	传热系数	太阳得热系数
外窗（包括透明幕墙）	东向	0.17	2.50	0.44	0.17	3.50	—
	南向	0.28	2.50	0.43	0.28	3.00	0.44
	西向	0.23	2.50	0.44	0.23	3.00	0.44
	北向	0.19	2.50	0.44	0.19	3.50	—
室内参数和气象条件设置	按国标公建附录 B 设置						

设计建筑与参照建筑的权衡计算及节能判断　　表 8-6

	设计建筑	参照建筑
全年供暖和空调总耗电量（kWh/m²）	30.80	31.90
供冷耗电量（kWh/m²）	25.45	25.68
供热耗电量（kWh/m²）	5.35	6.22
耗冷量（kWh/m²）	63.62	64.20
耗热量（kWh/m²）	11.78	13.70
标准依据	国标公建第 3.4.2 条	
标准要求	设计建筑的能耗不大于参照建筑的能耗	
结论	满足	

8.4　T20 天正建筑节能分析软件（T20-BEC V2.0）

1. 公司介绍

北京天正软件股份有限公司是 1994 年成立的高新技术企业。20 年来，天正公司一直以诚心实意为建筑设计者提供实际高效的设计工具为理念，应用先进的计算机技术，研发了以天正建筑为龙头的包括日照、节能、光环境、暖通、给水排水、电气、结构、规划、市政道路、市政管线、土方、协同设计等一系列专业的建筑系列软件。天正建筑已经成为国内建筑 CAD 的行业规范，随着天正建筑软件的广泛应用，它的图档格式已经成为各设计单位之间以及设计单位与甲方之间图形信息交流的基础。

2000 年，北京天正软件股份有限公司与清华大学、北京市建筑设计研究院、中国建筑设计研究院、天津市建筑设计院共同承担的国家十一五重点科技攻关项目"建筑节能设计方法与模拟分析软件开发"，进一步研究开发"面向建筑群节能规划的模拟优化分析技术，建筑物单体节能和热环境优化模拟体系，采暖空调与能源供应系统模拟软件开发和优化方法，建筑节能设计辅助模拟分析软件标准集成化平台，建筑节能优化设计的评价体系"，从设计源头抓起，解决全过程模拟优化建筑节能设计的关键技术问题，并联合大型建筑设计院进行推广应用，从而为推动我国的建筑节能工作提供技术支撑。

天正公司一直致力于建筑节能分析和建筑能耗模拟研究工作，并开发了一系列建筑节能分析软件，涵盖严寒寒冷地区、夏热冬冷地区、夏热冬暖地区和温和地区等国内各建筑气候分区。各版本于2005年通过建筑部专家组鉴定，鉴定意见为"该软件功能强，界面友好、使用方便、计算快速、准确、高效，具有一定的创新性，适用于建筑设计、施工图审查等领域"。鉴定结论为"该软件在AutoCAD平台上的节能分析领域中达到国内领先水平"。

2. 软件开发背景

随着经济的发展，人们对建筑外观和舒适度的要求日益提高，建筑能耗在不断增加，大体量的新建居住建筑，其能耗在建筑能耗中占有很大的比例。尤其在我国严寒和寒冷地区，每年冬季采暖时，所消耗的能源是让人惊叹的。虽然很多地方采用新技术来解决供暖问题，但是这样做并没有达到我们需要的降低能耗的根本目的。要解决这个问题必须从能耗源头抓起，也就是从建筑物自身的保温设计抓起。

3. 软件需求设计

根据建筑节能设计标准的要求，以及建筑物数据的不同来源，对建筑图进行分析处理，提取建筑物的模型数据，自动检测建筑物的各项参数是否满足建筑节能设计标准的规定值。主要功能如下：

（1）对建筑图纸进行模型修改及数据提取。支持天正建筑图纸的直接读取，支持对其他方式产生的AutoCAD图纸进行模型转换。

（2）在建筑数据的基础上，支持对各种围护结构设置不同的构造，支持围护结构类型的自动识别，支持与节能计算相关的门窗热物理性和房间参数等数据进行输入。

（3）提供常用构造库、材料库等，允许用户添加自定义的构造和材料，并能够对工程中使用到的构造进行导入导出操作。

（4）自动计算建筑物的体形系数，各部分围护结构的传热系数，窗墙面积比等；外墙平均传热系数计算采用面积加权的计算方式；根据建筑物所在地点，自动判断建筑物是否满足标准中对建筑各部分围护结构的要求，判断是否满足节能标准的要求。

（5）当某些指标达不到标准要求的时候，对建筑物进行权衡判断，对设计建筑和参照建筑能耗进行对比分析并输出分析结果。

（6）自动生成与节能计算结果一致的节能计算书、节能审查表及节能电子审查文件。

4. 软件总体设计

为良好地实现建筑节能计算的需求，软件以合理的架构进行设计。总体为三层体系结构，即：表示层（UI）、业务逻辑层（BLL）、数据访问层（DAL）。表示层通过业务逻辑层对数据进行访问；业务逻辑层对数据进行加工和处理后，反映到表示层。该三层结构相互协调、共同工作，以实现系统整体的目的和功能。每一层结构在逻辑上划分为多个模块，分别实现各种特定的功能和子功能。模块的设计达到信息屏蔽与抽象、功能明确、接口明确、低耦合、高内聚、合理的扇入扇出系数、模块规模适中等几个要求；在软件的设计和开发过程中使用统一的规范、标准和统一的文件模式。

软件基本设计概念和处理流程如图 8-8 所示：

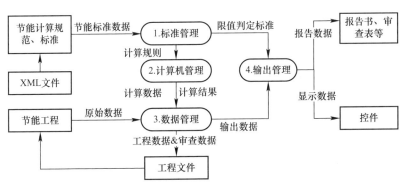

图 8-8　T20 天正建筑节能分析软件基本设计概念和处理流程

8.4.1　节能模型的导入和创建

1. 模型导入

天正节能软件的研发以天正建筑 T-Arch 为基础，可直接利用天正 5.0 以上版本建筑软件绘制的平面施工图（建筑对象自带三维属性和信息），无须二次建模，更无须模型转换，即与天正建筑软件数据共享，节省节能建模的时间，达到建筑设计与节能设计同步进行。

节能建模

▶ 旧图转换

▶ 墙 体
▶ 柱 子
▶ 门 窗
▶ 房 间
▶ 屋 顶
▶ 阳 台

🔍 对象选择

🐾 节能隐藏
🐾 节能显示

📑 工程管理
💾 保存工程

图 8-9 模型创建菜单

2. 模型创建

天正节能软件将天正建筑软件中的基本绘图功能进行了移植，方便用户直接在节能软件中进行二次建模。考虑到国内设计师的设计习惯和绘图平台使用的差异性，即使采用高版本天正建筑软件进行建筑设计，但是建筑施工图在不修改的情况下，依然很难直接应用于节能计算，所以多数情况下，无须二次建模只是一种相对理想化的状态，因此，天正节能软件中增加了跟建筑绘图相关的基本功能，方便使用者在节能软件中快速完成节能模型的创建和修改，得到满足节能计算要求的基础模型对象（图 8-9）。

因为节能计算主要跟建筑的基本围护结构有关系，例如外墙、内墙、屋顶、门、窗、楼板、地面等，所以在进行节能建模的过程中，可以适当地进行简化处理，只保留跟节能计算相关的基础围护结构即可（图 8-10、图 8-11）。

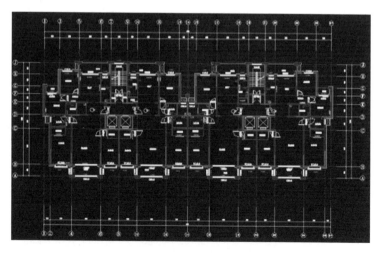

图 8-10 模型平视图

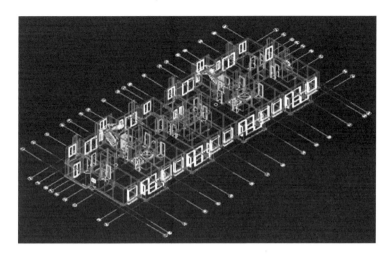

图 8-11 模型轴侧视图

3. 旧图转换

对于采用 AutoCAD 或者天正 5.0 以下版本建筑软件进行绘制的项目,如果要使用天正节能软件进行节能分析计算,就需要对绘制好的施工图进行旧图转换工作(图 8-12~图 8-14)。

图 8-12 旧图转换菜单

4. 数据处理

由于天正节能软件在提取图纸中的建筑信息时,是严格按照图形对象的真实数据进行读取,所以其中的墙体高度需要跟实际的建筑层高相吻合,门窗的尺寸也必须参照门窗表的数据进行相应的调整。在调整的过程中，墙体高度可以采用软件提供的【改高度】命令进行批量修改，门窗的洞口尺寸可以采用【门窗检查】功能进行修复（图 8-15）。以上工作是为了保证建筑基本信息的准确性，例如建筑的体形系数、窗墙面积比等。

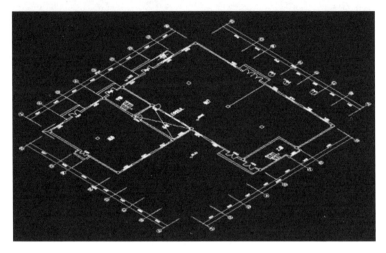

图 8-13　旧图转换生成示意图 1

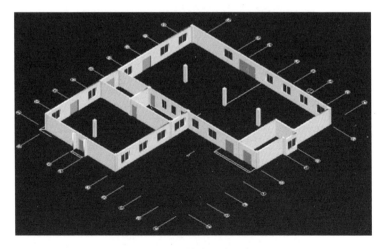

图 8-14　旧图转换生成示意图 2

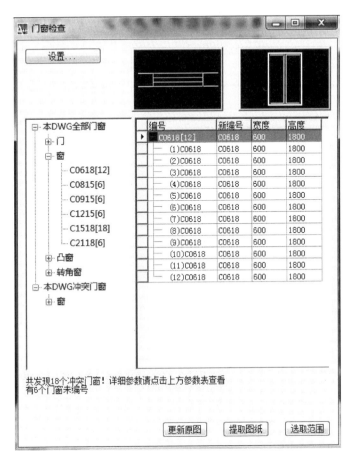

图 8-15 门窗检查

5. 房间生成

房间对象在节能工作中有着非常重要的作用，一是提供建筑施工图中无法绘制的围护结构的载体，例如楼板、地面；二是房间的不同类型也决定了计算的结果是否满足规范中的要求，例如楼梯间、封闭阳台、采暖和非采暖房间、空调和非空调房间等。

软件通过【搜索房间】功能完成房间对象的生成（图 8-16、图 8-17）。

图 8-16　搜索房间菜单

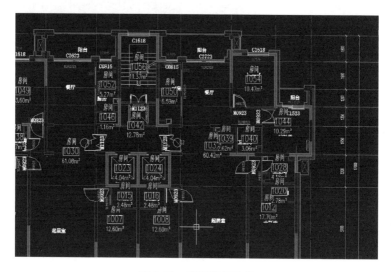

图 8-17　搜索房间结果

6. 建筑屋顶

软件中提供多种建筑屋顶的建模方法，实际工程中比较常用的为【平屋顶】和【任意坡顶】。

平屋顶可以直接通过框选顶层的房间对象来自动生成（图 8-18）。

任意坡顶可以根据复杂的屋顶外轮廓线，通过输入坡角的度数，自动计算出各条屋脊线，从而生成坡屋顶对象，并且生成后直接编辑修改（图 8-19）。

7. 楼层组合

单独的一层建筑施工图是不足以完成一个项目的节能分析和计算，必须将所有建筑平面图通过一个特定的方式搭接在一起，使其成为一栋完整的建筑物，才能够作为节能计算的条件，这个特定的方式就是【工程管理】。

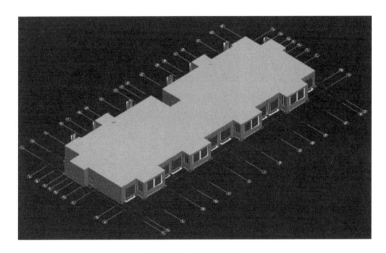

图 8-18　屋顶建模

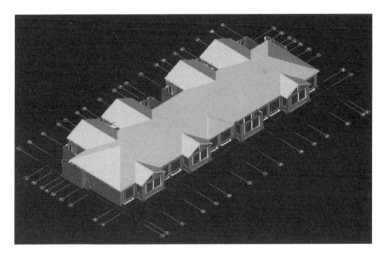

图 8-19　坡屋顶处理

所谓工程管理就是采用框选平面施工图，指定每层平面固定对齐点的一种楼层组合方法，使用者可以不断地将需要用来进行节能计算的建筑施工图依次添加到工程管理中，最终由工程管理自动完成建筑楼层的组装，并且通过三维浏览器看到完整的建筑状态（图 8-20）。

图 8-20　通过三维浏览器看到完整的建筑状态

8. 特殊功能

除了以上提到的基本建模功能之外，软件还针对实际工程中可能出现的一些特殊情况，开发了对应的模型处理方法。例如自动转换剪力墙功能，自动识别建筑朝向并且标注的功能，自动生成架空楼板和露台的功能等等，基本上满足现阶段绝大多数工程对于节能模型的要求。另外，有天正建筑软件作为数据基础，天正节能软件在图纸识别和图纸交流的过程中也可以说是适用性最广泛的。

8.4.2　节能分析边界条件的完善

完成节能模型的导入和创建之后，需要对项目的边界条件进行完善，在天正节能软件中，边界条件的完善是通过热工设置模块来实现的。

1. 工程构造

工程构造简单来讲就是一个构造材料的集合库，包含当前工程所用到的所有围护结构的做法（图 8-21）。

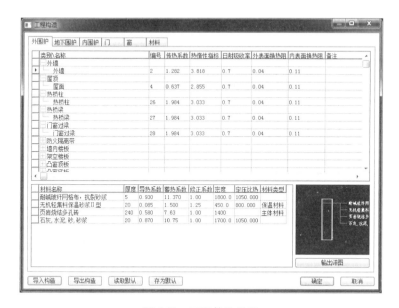

图 8-21　工程构造设置

其中又将围护结构分成外围护、内围护、地下围护、门窗等不同的大类，方便使用者在不同类别下快速地进行构造材料的添加。

工程构造的具体操作方法概括起来就是选择和编辑，从软件默认的构造库、材料库中选择类似的构造材料，之后再根据工程的材料做法说明，将默认选择的构造编辑调整以满足实际工程需要（图 8-22）。

完成基本的构造材料选择和编辑工作后，用户会发现，在工程管理功能中还包含很多隐藏命令，用于处理工程中的特殊情况。例如可以手动调节外墙和屋面的太阳辐射吸收系数及内外表面换热阻，可以调整保温材料的修正系数和材料类型，可以定义窗户的窗框比用于计算整窗的遮阳系数等，基本上包含了目前跟围护结构材料构造相关的一切编辑功能（图 8-23、图 8-24）。

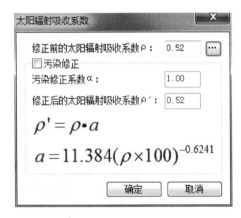

图 8-22 工程构造设置

图 8-23 太阳辐射吸收系数

　　提供给工程构造进行选择的构造库和材料库是软件中的数据库文件，集成了目前国内很多地区常见的构造和材料信息，而且根据不断颁布实施的节能新规范，软件也会及时进行更新。

　　2. 热工设置

　　如果说工程构造是一个构造材料的选择、添加和编辑过程，那么热工设置就是一个将选好的构造依次指定到对应围护结构的赋值过程。

材料名称	修正系数	适用范围	备注
《福建居住建筑节能设计标准实施细则 DBJ13-62-2004》			
《广西壮族自治区居住建筑节能设计标准 DBJ43/221-2005》			
《浙江居住建筑节能设计标准 DB33/1015-2003》			
钢筋混凝土	1	（墙体及屋面）	《浙江居住建筑节能设计标准DB33/1015-2003》第20页
碎石、卵石混凝土	1	（墙体）	《浙江居住建筑节能设计标准DB33/1015-2003》第20页
自然煤矸石	1	（屋面找坡层）	《浙江居住建筑节能设计标准DB33/1015-2003》第20页
水泥焦渣	1.5	（屋面找坡层）	《浙江居住建筑节能设计标准DB33/1015-2003》第20页
水泥砂浆	1	（抹灰层、找...	《浙江居住建筑节能设计标准DB33/1015-2003》第20页
混合砂浆	1	（抹灰层）	《浙江居住建筑节能设计标准DB33/1015-2003》第20页
石灰砂浆	1	（抹灰层）	《浙江居住建筑节能设计标准DB33/1015-2003》第20页
建筑用沙	1		《浙江居住建筑节能设计标准DB33/1015-2003》第20页
轻质混合种植土	1.5	（屋面保温层）	《浙江居住建筑节能设计标准DB33/1015-2003》第20页
混凝土多孔砖砌体	1	（墙体）	《浙江居住建筑节能设计标准DB33/1015-2003》第20页
KPI型烧结多孔砖砌体	1	（墙体）	《浙江居住建筑节能设计标准DB33/1015-2003》第20页
单排孔混凝土空心砌块	1	（墙体）	《浙江居住建筑节能设计标准DB33/1015-2003》第20页
双排孔混凝土空心砌块	1	（墙体）	《浙江居住建筑节能设计标准DB33/1015-2003》第20页
三排孔混凝土空心砌块	1	（墙体）	《浙江居住建筑节能设计标准DB33/1015-2003》第20页
蒸压灰沙砖砌体	1	（墙体）	《浙江居住建筑节能设计标准DB33/1015-2003》第20页
轻集料混凝土空心砌块	1	（墙体）	《浙江居住建筑节能设计标准DB33/1015-2003》第20页
加气混凝土砌块（B07级、B05级）	1.25	（墙体）	《浙江居住建筑节能设计标准DB33/1015-2003》第20页
加气混凝土砌块（B07级、B05级）	1.5	（屋面保温层）	《浙江居住建筑节能设计标准DB33/1015-2003》第20页
砂加气砌块（B05级、B04级）	1.36	（墙体）	《浙江居住建筑节能设计标准DB33/1015-2003》第20页
挤塑聚苯板	1.1	（墙体及屋面）	《浙江居住建筑节能设计标准DB33/1015-2003》第20页
膨胀聚苯板	1.1	（墙体）	《浙江居住建筑节能设计标准DB33/1015-2003》第20页
膨胀聚苯板	1.3	（屋面）	《浙江居住建筑节能设计标准DB33/1015-2003》第20页
聚苯颗粒保温浆料	1.15	（墙体保温层）	《浙江居住建筑节能设计标准DB33/1015-2003》第20页
聚苯颗粒保温浆料	1.3	（屋面保温层）	《浙江居住建筑节能设计标准DB33/1015-2003》第20页
聚合物保温砂浆	1.2	（墙体保温层）	《浙江居住建筑节能设计标准DB33/1015-2003》第20页

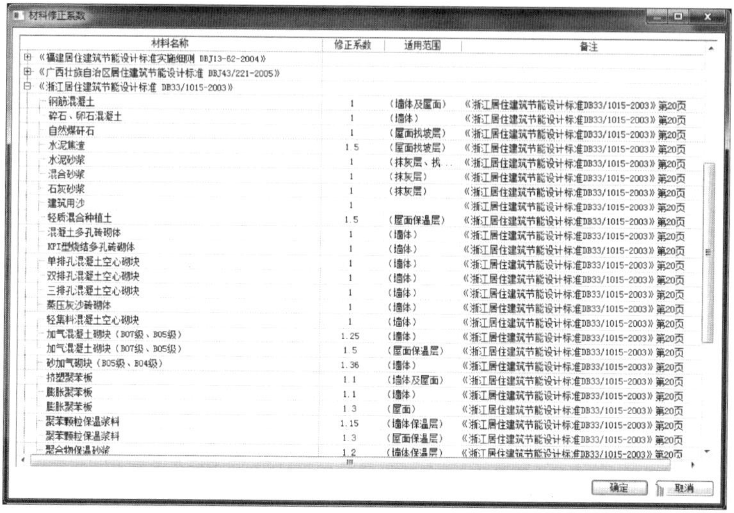

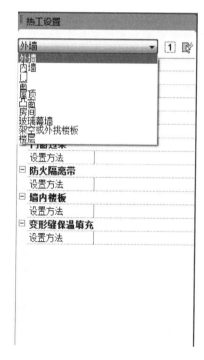

图 8-24　材料修正系数

实际工程中经常会出现一种类型的围护结构有多种构造进行匹配，比如剪力墙结构，外墙既包含剪力墙也包含填充墙，在进行构造选择的时候一般需要将剪力墙构造和填充墙构造都添加到工程管理中，但是想要把两种构造准确地赋予到节能模型中去，就需要用到热工设置功能。

热工设置采用类似 AutoCAD 对象特性表的方式来进行操作，其好处一方面是符合使用者的习惯，另一方面就是进行批量编辑时，更加快捷（图 8-25）。

图 8-25　热工设置

使用者只需要在图纸中框选或者筛选对应的围护结构，就可以直接在热工设置中看到与该围

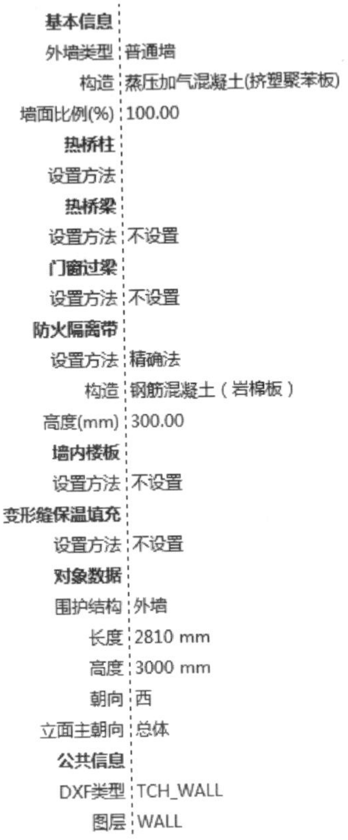

152

基本信息
外墙类型 普通墙
构造 蒸压加气混凝土(挤塑聚苯板)
墙面比例(%) 100.00
热桥柱
设置方法
热桥梁
设置方法 不设置
门窗过梁
设置方法 不设置
防火隔离带
设置方法 精确法
构造 钢筋混凝土（岩棉板）
高度(mm) 300.00
墙内楼板
设置方法 不设置
变形缝保温填充
设置方法 不设置
对象数据
围护结构 外墙
长度 2810 mm
高度 3000 mm
朝向 西
立面主朝向 总体
公共信息
DXF类型 TCH_WALL
图层 WALL

图 8-26　参数查询

护结构匹配的设置内容，例如外墙构造、热桥构造、防火隔离带构造、屋面构造、门窗构造等等，所有跟围护结构相关的设置都包含其中。完成设置后，可以通过参数查询看到具体的设置效果（图 8-26）。

除了能够进行基本的构造材料赋值功能，热工设置还提供了一系列工程中特殊情况的处理功能，比如设置变形缝的保温，商住一体项目的共用楼板，半地下室外墙的处理，阳台门透明部分的设置等等。所以说，热工设置一般可以认为是节能软件中最重要的一个环节，它的操作直接影响计算结果的输出和与规范的契合度，因而需要使用者熟练掌握并且可以根据规范中的要求，准确地进行设置。

8.4.3　节能分析和计算

当完成节能建模和热工设置两项准备工作，接下来就可以直接进入计算模块，天正节能软件的计算功能非常简便，基本上都可以一键操作。

1. 建筑信息

建筑信息功能属于节能计算中的辅助命令，不作为主要计算手段，一般用户想看该项目的基础信息例如体形系数、窗墙比等的时候，可以前期快速地用建筑信息命令进行查看（图 8-27）。

2. 节能计算

如果想直接进行节能分析，可以通过节能计算命令来完成。软件会自动按照规范要求，输出计算结果，并且清楚地标识出每一项计算结论以及对应的规范要求，判定后作为规定性指标显示（图 8-28）。

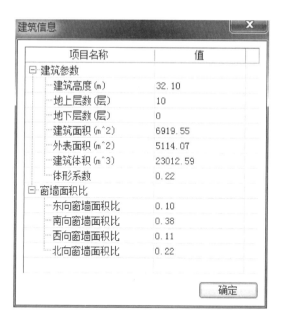

图 8-27　建筑信息

图 8-28　节能检查 1

在输出的规定性指标计算结果中，包含满足规范要求，不满足规范要求但可以进行热工性能权衡判断，以及不满足规范要求并且不允许进行热工性能权衡判断的几项。如果所有计算项都满足规范规定，即可判定项目满足节能要求；如果出现不满足规范中强制性条文规定的项，需要使用者重新调整后再计算；如果没有出现违反强制性条文规定的计算项，但是依然存在不满足的结论，那么可以采用软件提供的热工性能权衡判断方法进一步计算后再作判定，目前软件中提供的全年能耗权衡判断的计算工具为 DOE-2，为国家认可的计算核心（图 8-29）。

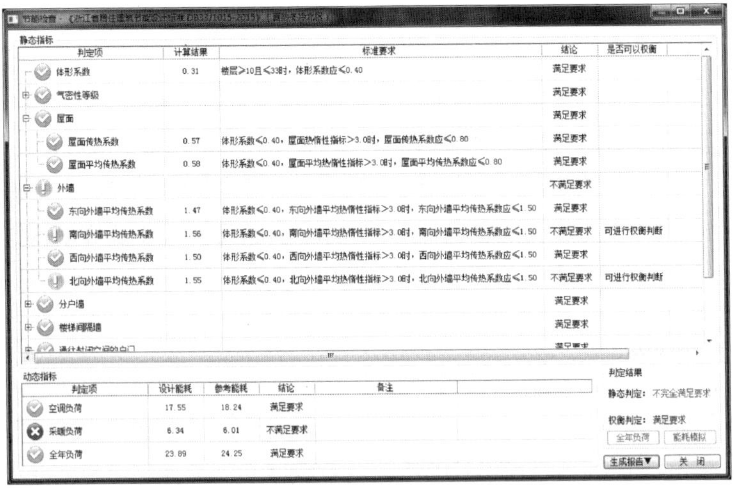

图 8-29　节能检查 2

通过热工性能权衡判断计算后，如果结论依然不满足要求，即设计建筑的全年能耗大于参考建筑的全年能耗，那么还需要重新调整后再进行计算，如果设计建筑的全年能耗低于参考建筑，项目即可判定为满足节能规范的要求，属于节能建筑。

3. 附加计算

由于国内建筑气候区较多，节能规范要求也不相同，各地在对建筑节能的控制方面也有自己的着重点，比较常见的要求有外墙屋面的隔热验算，热桥部分的结露计算等，而对于这些计算要求，软件都提供了相应的计算工具（图 8-30、图 8-31）。

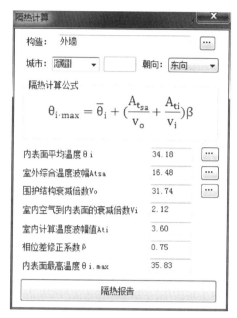

图 8-30　隔热计算 1

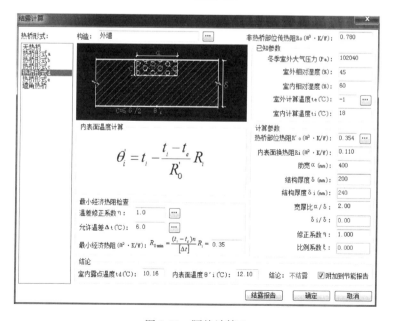

图 8-31　隔热计算 2

4. 模型检查

DOE-2 在进行全年能耗模拟计算的时候本身是有一些限定的前提条件，只有满足这些前提条件才能够正常地进行能耗模拟计算。但是因为使用者并不了解具体的限定条件有哪些，所以在进行节能计算时，如果没有达到 DOE-2 的要求，会出现计算不能正常进行的情况，所以软件针对这种问题提供了模型检查功能，帮助使用者正确地找到无法计算的原因，并且进行调整（图 8-32）。

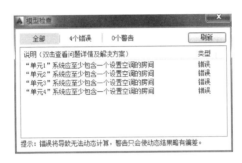

图 8-32　模型检查

8.4.4　成果输出

节能计算的最终结果一般是以计算书的形式输出，配合各地自己的节能审查表和节能备案登记表等其他形式表格，共同作为成果进行备档。

天正节能软件能够快速地生成节能计算书，并且如果有配套的审查表或者节能备案登记表，软件也都支持自动输出，方便使用者提交送审。节能计算书一般以 Word 文档的形式输出，而审查表和节能备案登记表一般以 Excel 文档的形式输出。

8.4.5　节能审查

在节能计算的整个流程中，软件都会自动将项目的信息和软件的操作记录到一份加密文件中，而该文件普通用户是无法进行查看和修改的。相应的，软件也提供了专业的节能审查功能，供审图单位对节能项目进行快速的审核。在审查过程中，只需要提供电子加密文件，然后通过审查软件就能自动读取其中保存的项目信息，看到最终的项目结论，避免出现一些后期的人为操作，导致计算结果的偏差（图 8-33～图 8-35）。

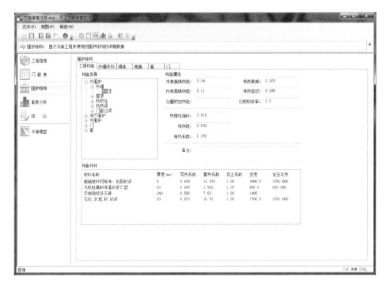

图 8-33　节能审查 1

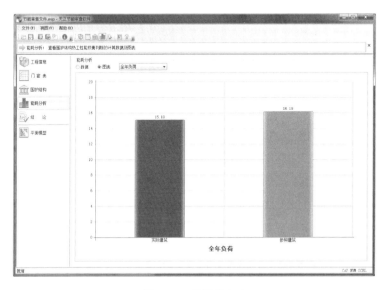

图 8-34　节能审查 2

158

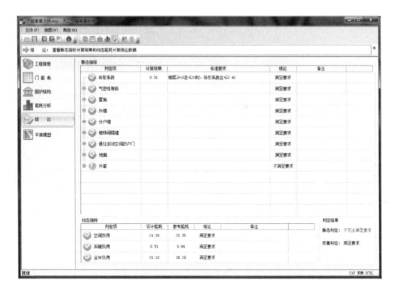

图 8-35　节能审查 3

8.5　建筑节能设计分析软件（PBECA）综述

随着经济的发展和人民生活水平的提高，建筑耗能占社会总能耗比例在持续增加，在当前能源紧张的大环境下，建筑节能已引起政府的高度重视。为了进一步降低建筑能耗，按照浙江省建设主管部门的要求，根据规范编制组经广泛调查研究，认真吸收以往规范标准的编制经验和不断推广的先进的建筑节能技术，在总结工程实践，广泛征求意见的基础上，建研科技股份有限公司研发了配套的工具"建筑节能设计分析软件 PBECA"，同时也结合当前软件的应用现状对软件进行了大量的研发改进和测算，修正了浙江省各城市的气象数据库和围护结构材料信息。

建筑节能设计分析软件 PBECA 是当前国内主流的节能设计分析软件，拥有 8000 多家客户，3000 多家常用客户，覆盖率达 70% 以上。用户遍及全国 30 多个省市地区，目前开发规范 140 余本，主要研发人员还参与国家及地方节能设计标准的编制，提高了软件开发的准确性，以适应当地节能设计和施工图审查的要求。

　　建筑节能设计分析软件 PBECA 拥有简洁的操作流程，符合设计师的操作习惯，并且涵盖了复杂建筑的建模功能，并配合全国及浙江省范围进一步贯彻执行建筑节能 50％和 65％的设计目标，依据浙江省最新节能设计标准和技术规程，吸收往年节能大检查回馈意见和结果，新增缺陷分析、高级拼装等功能，并与建筑节能审查软件、负荷分析软件、建筑采光软件等无缝对接，模型数据共享，显著提升了软件工具的易用性、稳定性、智能性和灵活性。

　　结合目前国内节能设计与软件应用现状，建筑节能设计分析软件 PBECA 从引导设计和节能审查两方面来规范设计师的设计行为，并为审图人员提供节能设计审查的依据。

8.5.1　项目信息及模型导入

　　软件项目信息对话框中可提供全国各省份城市信息选择，以及各省市围护结构材料数据库，选择相应的审查标准进行节能设计和分析，并可设置相应的规定性指标计算参数和权衡计算参数（图 8-36）。

图 8-36　项目信息对话框

　　软件提供"平面图纸导入"和"三维模型导入"两种，实现直接从方案、扩初、施工图等阶段设计图纸提取建筑构件或模型，支持多种常用的建筑软件（AutoCAD、天正、Revit 等）绘制的图纸，方便快捷，避免误差，最大限度还原设计建筑本身（图 8-37）。

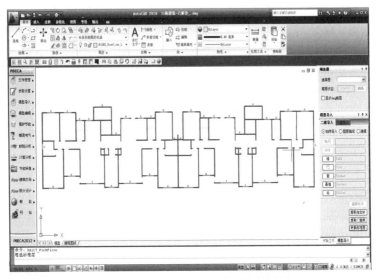

图 8-37　提取后的各类图素对应的图层

"平面图纸导入"对话框中可以提取墙体、门窗、幕墙和柱等基础构件，并提取门窗表信息，软件自动将工程的门窗类型数据导入计算模型，并在标准层转化后会进行自动匹配，实现转换后的数据模型与原图尺寸一致。减少用户对门窗尺寸修改的工作量，提高了建模的工作效率（图 8-38）。

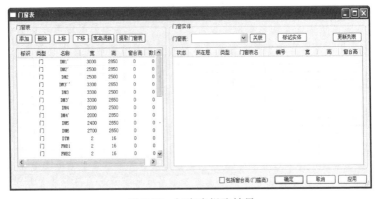

图 8-38　门窗表提取结果

8.5.2 模型编辑功能

建筑节能设计分析软件 PBECA 全新的模型编辑功能，在左侧操作面板内实现，包括：墙设置、门窗幕墙、遮阳设置、屋顶设置、热桥设置、阳台设置、房间设置和楼板设置，操作面板下方配有操作示意图（图 8-39、图 8-40）。

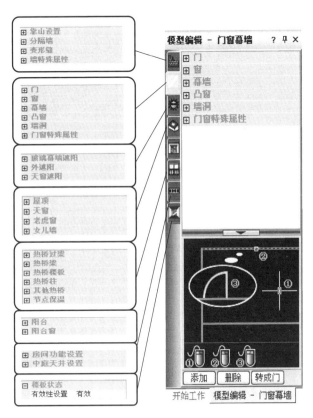

图 8-39　模型编辑

在软件中添加阳台共有两种方式，为封闭阳台和非封闭阳台。其中，阳台底板对于下一层外窗的遮阳系数，起着一定的影响，相当于水平遮阳板的效果（图 8-41）。

图 8-40 不封闭阳台

图 8-41 凸窗及转角凸窗

设计师可以根据图纸具体情况，设置凸窗或者转角凸窗等不同形式，还可以调整凸窗凸出距离以及上、下、左、右侧板的属性。

8.5.3 材料编辑功能

在模型数据文件形成之后系统会给所有的建筑物构件添加默认的节能材料，用户可能会有一套现有的方案，也可以在此基础上适当调整节能设计方案，或者使用者可根据已有的"节能设计方案"

自行调整节能参数进行节能设计（图 8-42）。

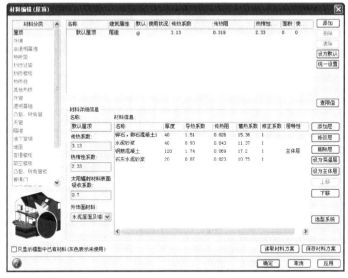

图 8-42 材料编辑对话框

读取和保存方案，文件后缀名为＊.mdb，快速完成材料设置进入计算阶段（图 8-43）。

图 8-43 读取材料方案

8.5.4 节能计算

自 2003 年起，浙江省居住建筑节能设计标准中对建筑和建筑热工节能设计、围护结构热工性能的能耗分析计算都做了明确规定。

规定性指标计算

权衡计算

节能审查报告

DWG 报告

详细报告

遮阳详细报告

计算分析　查阅报告

图 8-44　计算分析菜单

建筑节能设计分析软件 PBECA 完善了各类型计算功能和报告输出，并不断更新完善添加相关规范要求，可以为设计院、开发商、审图机构、政府节能监督执行部门等提供技术支持（图 8-84）。

对计算工程进行规定性指针计算，并生成报告书，其中包含项目信息、规范参考依据、建筑材料热工参数参考依据、建筑概况、围护结构构造及判断、规定性指标判定结论等等（图 8-45）。

图 8-45　规定性指标计算

8.5.5 全程智能向导系统

PBECA 软件新增智能向导系统，在设计师使用软件进行节能建模、选择材料和计算的全过程中，软件可以与用户进行人机交互，为用户提供"提示"、"警告"、"拒绝"和"帮助"等不同内容的智能提示，协助用户完成设计（图 8-46）。

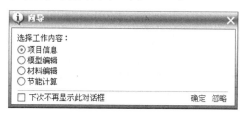

图 8-46　PBECA 向导提示对话框

步骤：选择"参数设置"—"系统选项"（图 8-47）。

用户可通过智能提示选项进行选择是否需要帮助、提示、警告、向导的"触发机制"。"触发机制"选项卡可以设置智能向导的触发时机（图 8-48）。

图 8-47　参数设置界面

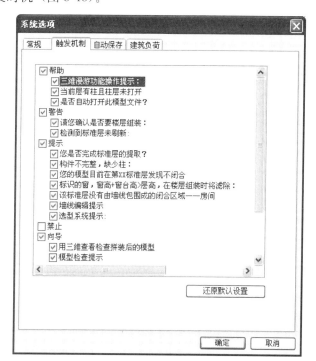

图 8-48　触发机制设置

设计师在进行节能设计过程中，全程智能向导系统，将提供各种所需的服务提示，协助并融入整个设计流程，如图 8-49 所示。

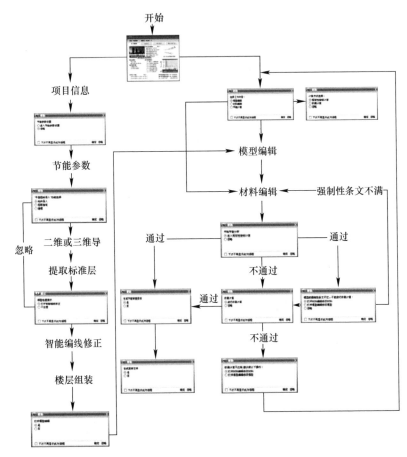

图 8-49　帮助系统导向图

8.5.6　智能墙线修正功能

模型转换后，软件自动检测模型中的墙线错误，如发现模型有未闭合的空间，软件的智能向导系统将自动跳出提示用户是否进入智能墙线修正。若选择打开则软件将提供几种修改方式供用户选择。通过智能墙线修正，提高了用户编辑、修正模型的速度，同时提高了建模的准确性（图 8-50）。

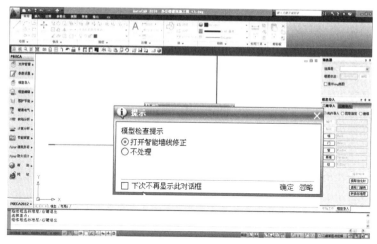

图 8-50　智能墙线修正功能

　　智能修正方案选择：进入智能墙线修正后，程序自动判断可能存在问题的墙线，通过红圈提示；并且将一处问题作为当前编辑点，用绿色圈表示。在智能墙线编辑页面上提供了当前编辑点可选择的各种方案（图 8-51）。

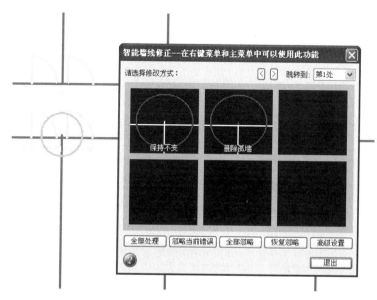

图 8-51　智能修正方案

8.5.7 三维模型导入

PBECA 软件支持三维模型的导入，主要针对天正 5.0 以上版本图形和 Revit Archiecture 的 brc 模型的直接提取。

天正转换：选择一个天正 5.0 以上版本的 dwg 图纸，点转换后根据 dwg 图纸里的信息转换为一个标准层（图 8-52）。

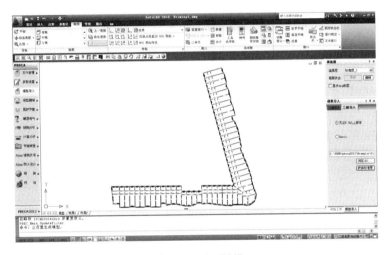

图 8-52　天正转模

Revit 转换：目前软件支持读取最新版 Revit 模型。首先在 Revit 中，通过 PBECA 建筑插件，对 Revit 模型进行数据转换，生成 brc 模型文件，快速完成模型建立和节能分析（图 8-53）。

8.5.8 衬底图设计功能

设计师提取了模型后，原 dwg 图纸仍衬在提取后的模型下面作为 dwg 底图，方便设计师对照编辑模型，提高了工作效率，避免多个 CAD 窗口之间的切换，直接可对照原图纸进行模型检查和模型编辑（图 8-54）。

衬底图功能可显示或隐藏，根据设计师操作需要，可自行调整。对于体量较大的工程，对照衬底图进行模型参数的编辑，可大大提高设计师的工作效率（图 8-55）。

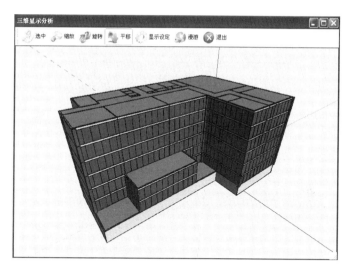

图 8-53 Revit 模型转换

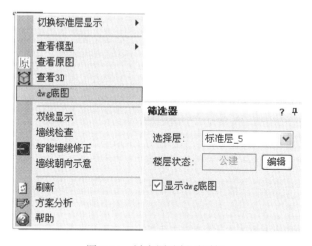

图 8-54 衬底图选择对话框

8.5.9 商住两用楼设计功能

商住两用楼功能将原本单公和单居合二为一,不用再像以前那么烦琐,必须分开计算,分别计算商用部分和居住部分。该功能大大地降低了设计师的工作量,有效地提高了工作效率和报告书计算的准确性(图 8-56)。

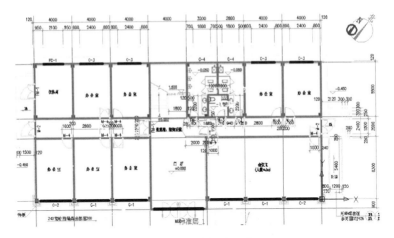

图 8-55　衬底图显示

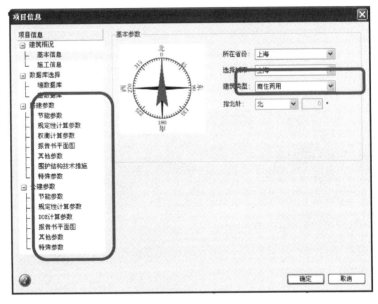

图 8-56　商住两用选择界面

建立一个建筑的整体模型，分别判断居住部分和公建部分是否满足标准要求，并分别输出相应计算报告书，有利于审图人员对建筑整体进行审查（图 8-57）。

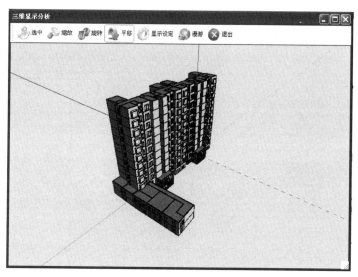

图 8-57 商住两用楼模型效果图

8.5.10 实现错层处理、拼装建模功能

软件在原版本基础上开发了错层处理、拼装建模功能，实现了不同建筑之间、不同楼层之间进行拼装的功能。使不同户型拼接的建筑单体的建模速度大大加快，避免了重复工作，为设计师提供了方便（图 8-58）。

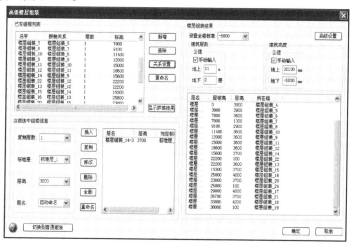

图 8-58 高级拼装界面

原理：根据标高和组装的各楼层组依次生成标准层，可将复杂的构造拆分为若干个楼层组，然后通过上、下、左、右的关系进行拼接，可实现错层、跃层等复杂工程的水平或垂直拼装（图8-59）。

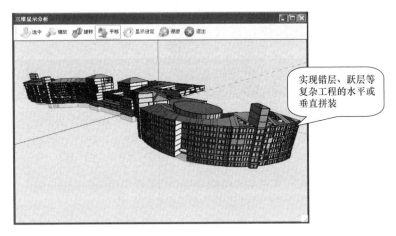

实现错层、跃层等复杂工程的水平或垂直拼装

图 8-59　高级拼装效果图

8.5.11　复杂屋面建模功能

软件简化了坡屋顶的设置。在设置坡屋顶后，双击屋顶，可以对同一屋顶逐一修改坡屋顶各向坡度角或进行屋顶限高设置，并可以在屋面设置多种类型的老虎窗及异型天窗，实现复杂屋顶的建模。

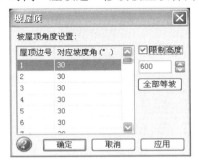

图 8-60　坡屋顶编辑对话框

鼠标双击多坡屋顶线，弹出"坡屋顶编辑"对话框（图8-60）。

坡屋面修改界面，可对各条屋顶边修改不同的坡度角，并进行统一限高设置，同时还可以添加老虎窗及天窗（图8-61）。

不同类型老虎窗如图8-62所示，可根据实际项目需要选择相应老虎窗的类型并调整其相关参数。

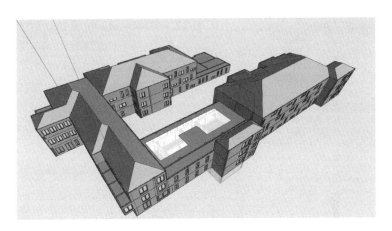

图 8-61　异型天窗

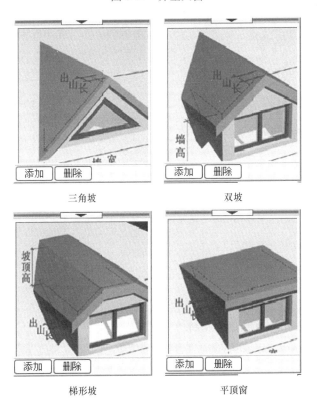

三角坡　　　　　　　　　双坡

梯形坡　　　　　　　　　平顶窗

图 8-62　老虎窗类型

图 8-63　活动遮阳设置对话框

8.5.12　各种遮阳系统设计功能

遮阳设计对于浙江省的建筑节能有着非常重要的影响，各种遮阳系统的选择，关系到建筑立面的美观以及节能效果的提升，软件按照标准规范的要求，提供多种遮阳系统的设计（图 8-63）。

设计师可以在 3D 效果中直接查看到工程中所使用的遮阳系统的参数尺寸、材质、透光率和挡板角度等（图 8-64）。

8.5.13　三维分析漫游模式

用户可以在三维分析中再次对构件的属性进行编辑，选中构件，调整其尺寸信息及其他参数。设计师想了解建筑内部结构信息，可通过漫游模式，控制视角方向进入室内，漫游的同时，鼠标所在位置可以显示构件的属性（图 8-65）。

控制视角方向：鼠标拖拽，鼠标上、下、左、右移动控制视角的抬高、降低、左转、右转。前进、后退、左移、右移：W—前进、S—后退、A—左移、D—右移、Q—上移、E—下移。

选中图中相应部位，鼠标右单击，即可进行删除操作，或进行参数调整（图 8-66）。

8.5.14　围护结构材料编辑功能

用户可以直接修改、编辑以及自定义围护结构构造体系，也可以保存或者读取材料方案。在材料编辑选项卡里，提供统一设置及选型系统等功能。

步骤：选择"围护结构"→"材料编辑"（图 8-67）。

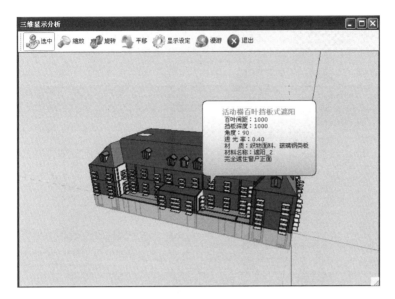

图 8-64　活动遮阳效果图

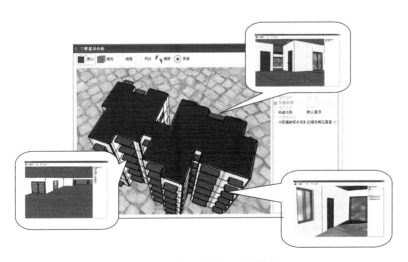

图 8-65　漫游模式三维效果

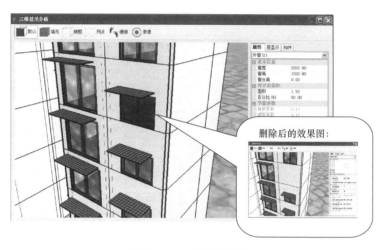

图 8-66　三维编辑效果

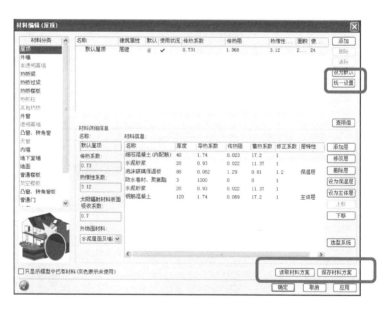

图 8-67　围护结构编辑界面

统一设置：根据实际工程项目情况，对于围护结构材料构造按照标准层、普通层和不同朝向等进行统一设置，使节能计算结果更加精确（图 8-68）。

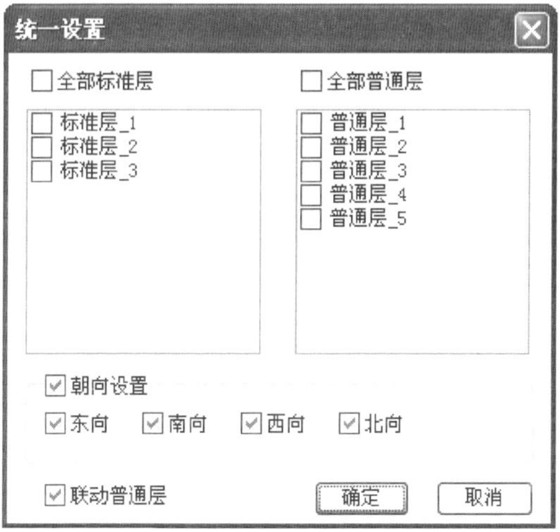

图 8-68　统一设置界面

8.5.15　帮助系统及数据库编辑功能

　　帮助系统通过教学视频的方式，设计师在使用软件的过程中，可选择观看教学视频，教授初学的用户软件的基本操作，并且演示如何完成合格的节能设计（图 8-69）。

图 8-69　教学视频

数据库编辑可以对软件中的墙数据库和窗数据库进行编辑,并且支持用户新增特殊的材料。从而使软件的适用范围更广,计算更精确。自定义添加新型材料后,不仅能应用于当前模型计算,而且可以应用到任意工程模型中,可以保存(图8-70)。

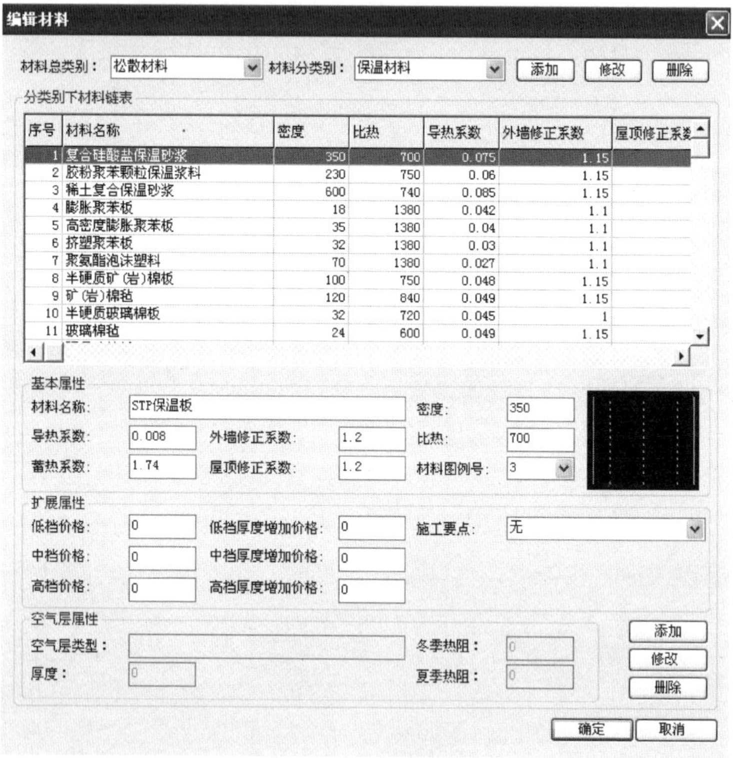

图 8-70 数据库编辑

8.5.16 完整的节能计算报告

将设计建筑模型材料方案调整好后,进行规定性指标计算,依据相应的审查标准判断其各项指标是否满足标准要求,并生成完整的规定性指标报告书(图8-71)。

当设计建筑不满足标准相关条目要求时(满足强制性要求),需进行围护结构热工性能的综合判断,比较设计建筑和参照建筑或耗热量指标的满足情况,并生成相应报告书(图8-72)。

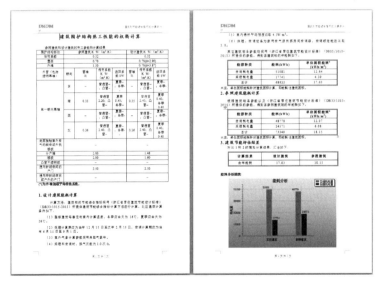

图 8-71　规定性指标报告书

图 8-72　权衡计算报告书

当设计建筑满足围护结构热工性能综合判断的要求，则可生成符合国家或当地标准的要求的审查备案文件（图 8-73）。

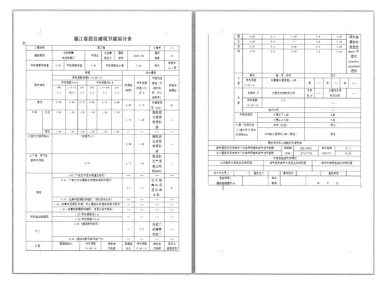

图 8-73　审查备案登记表

8.5.17　报审及电子审查功能

当设计师完成节能设计并生成所需的节能报告书及备案文件后，软件会自动生成 BECA 格式的报审文件，设计师填写相关项目名称即可将文件传到当地审查机构进行节能审查（图 8-74）。

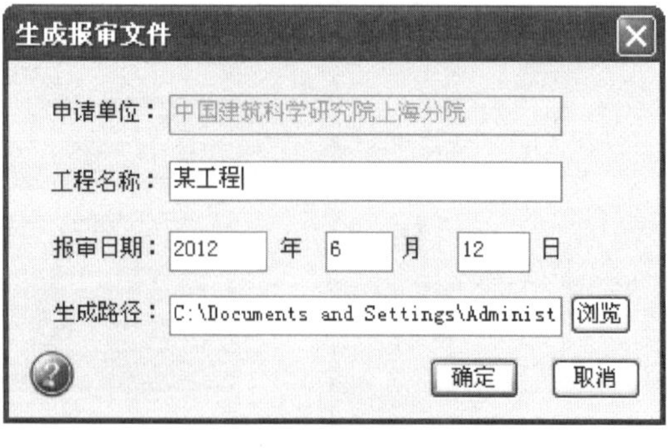

图 8-74　生成报审文件

审查系统的操作界面更加简洁，支持 PBECA 生成的三维可视化电子审查文件，同时审查系统提供在线审查备案的一站式无纸化备案接口，可与各地建设厅或建委在线备案系统衔接（图 8-75）。

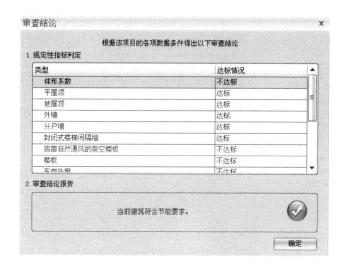

图 8-75 审查软件相关结论

8.5.18 结合浙江节能规范研发内容

PBECA 建筑节能设计分析软件是完全按照省标居建的要求进行开发的,对于室内计算参数设置,建筑和围护结构热工设计及建筑围护结构热工性能的综合判断,均按照标准内容来严格要求。

在《夏热冬冷地区居住建筑节能设计标准》JGJ 134—2010 的基础上深入完善,软件根据最新浙江省标准内容,提高节能设计标准要求,并通过合理的优化使计算结果的准确性得到进一步加强。

1. 根据标准附录内容,更新材料库

标准要求:省标居建在附录 F 中对围护结构基本构造及常用材料的热工参数提供了选用依据,且在附录 G 中对玻璃及外门窗的热工参数也提供了选用依据。

软件实现:PBECA 在项目信息节能参数对话框中提供了浙江省独用的墙数据库和窗数据库供浙江省用户选用,且实时更新了标准附录中的窗墙数据内容,审查机构也可以根据报告书的内容查看用户是否选用了最新的材料数据内容(图 8-76)。

2. 根据标准内容和编制组要求,修改气象数据

标准要求:2015 年 7 月,省标居建标准编制组提供了浙江省 11 个地市的典型气象年原始气象数据,分别为杭州、湖州、嘉兴、

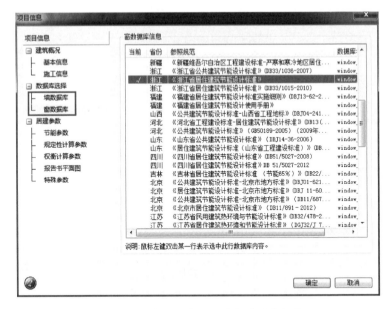

图 8-76　根据浙江标准研发的窗墙数据库

金华、宁波、衢州、绍兴、舟山、温州、台州、丽水。根据该典型
气象年原始气象数据以及 DOE-2 内核的需要，建筑节能设计分析
软件 PBECA 更新了各个城市的气象数据库文件，主要涉及的参数
有：逐时的湿球温度、干球温度、大气压、云量、降水标记、降雪
标记、风向、含湿量、空气密度、空气焓值、水平面总辐射强度、
太阳直射强度、云类、风速等参数，保证了软件基础数据与实际监
测数据的相互统一。

　　软件实现：PBECA 节能设计分析软件根据标准附录 A 的内容
修改了各地市的海拔高度，并选用了编制组专家给定的气象数据作
为计算参数，保证了计算结果的合理性和准确性。

　　3. 气候分区划分原则

　　标准要求：省标居建第 3.0.1 条文要求：浙江省节能设计分为
南、北两个气候区。北区的建筑节能设计应同时考虑夏季空调和冬
季供暖，南区的建筑节能设计应主要考虑夏季空调，兼顾冬季
供暖。

浙江省建筑节能设计气候区分区	表 8-7

气候区分区	设区市
北区	杭州、宁波、绍兴、湖州、嘉兴、金华、衢州、舟山
南区	温州、台州、丽水

软件实现：PBECA 在项目信息节能参数对话框中根据项目设计所在地自动匹配气候分区，最终根据所在气候分区计算出该建筑是否满足对应的标准要求（图 8-77）。

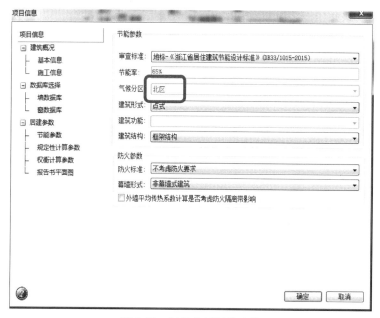

图 8-77　气候分区划分功能

4. 供暖和空调计算期

标准要求：省标居建第 5.0.3 条文规定了北区和南区的供暖计算期、空调计算期。与以往的浙江省节能设计标准相比，南区三个城市的供暖计算期大大减少，共计 15 天。

供暖和空调计算期		表 8-8
浙江省气候区	供暖计算期	空调计算期
北区	12 月 15 日至次年 2 月 15 日	6 月 15 日至 9 月 1 日
南区	1 月 1 日至 1 月 15 日	6 月 15 日至 9 月 15 日

软件实现：PBECA 在项目信息节能参数对话框中根据项目设计所在地自动匹配气候分区，在权衡判断时的供暖计算期、空调计算期与标准要求严格一致。

5. 墙线朝向示意功能

标准要求：省标居建中第 4.2.1 条文规定东、南、西、北四个朝向的定义"北"代表从北偏东 60°至北偏西 60°的范围，"东、西"代表从东或西偏北 30°（含 30°）至偏南 60°（含 60°）的范围；"南"代表从南偏东 30°到南偏西 30°的范围。

软件实现：当建筑指北针偏离 30°时，可帮助设计师查看外墙（包括依附在外墙上的窗）属于该规范中划分的某一朝向，更加直观便捷。鼠标右键空白区域点击"墙线朝向示意"按钮进入朝向示意图接口（图 8-78）。

在图形区域右键单击，点击墙线朝向示意，出现墙线朝向示意图，点击任意一根墙线即可出现墙线的朝向（图 8-79）。

图 8-78　鼠标右键-墙线
朝向示意功能

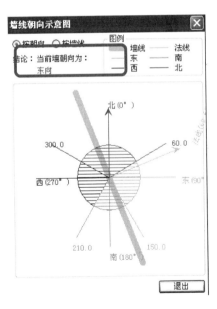

图 8-79　墙线朝向示意图

6. 防火设计功能

标准要求：《建筑设计防火规范》GB 50016—2014，对于民用建筑外墙保温系统及外墙装饰防火有着严格的要求。

软件实现：软件新增防火设计模块，软件中不但提供了常用材料的燃烧性能及耐火极限外，而且可以快速在建筑模型外墙及屋面上设置防火隔离带，设置完成后，且在报告书里体现其保温材料的燃烧性能和加权计算报告书（图 8-80）。

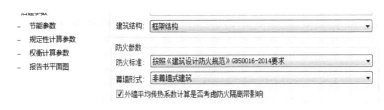

图 8-80　选择防火标准

在材料编辑中点击设置防火隔离带，选中需要设置防火隔离带的部位，根据工程的实际情况，可在屋面或热桥部位进行设置。设置防火隔离带，是因为在规定性指标报告书中其对外墙或屋面平均传热系数加权计算具有影响（图 8-81）。

图 8-81　防火隔离带设置对话框

7. 围护结构缺陷分析功能

标准要求：省标居建中对于建筑围护结构热工性能的综合判断均有要求，当设计建筑不能满足综合判断时，需对建筑方案或者材料方案进行相应调整，以满足规范的要求。

软件实现：软件通过围护结构节能缺陷分析功能，详细展现了每个房间的类型、面积、空调负荷和采暖负荷，让用户对围护结构的负荷分布一目了然。在遇到权衡计算未通过的情况下，使用缺陷分析功能，可有助于用户更方便有效地针对负荷较大的围护结构作部分调整，以达到规范的要求（图 8-82）。

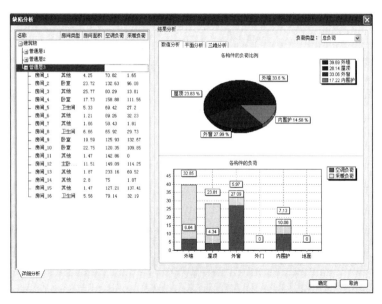

图 8-82　缺陷分析

8. 建筑围护结构热工性能的综合判断

标准要求：当设计建筑满足省标居建第 5.0.2 条文要求时，软件进行建筑围护结构热工性能的综合判断。

软件实现：软件采用 DOE-2 计算内核，参照建筑完全符合规范第 5.0.4 条文要求，自动生成权衡计算报告书（图 8-83）。

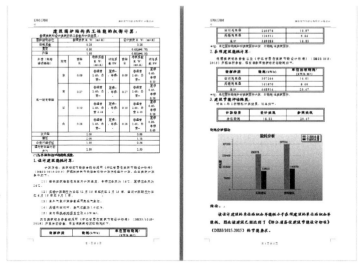

图 8-83　建筑围护结构热工性能权衡计算报告书

9. 浙江居住建筑节能设计表

标准要求：省标居建给定了详细的"居住建筑节能设计表"模板。

软件实现：软件根据设计建筑情况及对应规范限值要求，可自动生成"浙江居住建筑节能设计表"报告书（图 8-84）。

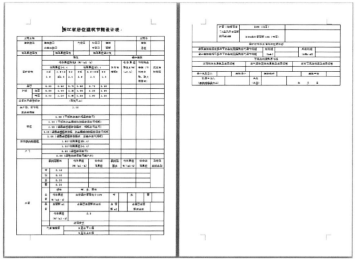

图 8-84　浙江居住建筑节能设计表

附录 A 保温棉关联制品材料
性能参数比较

以下几种是比较常见的保温棉关联制品：

（1）中华人民共和国建材行业标准《金属面岩棉、矿渣棉夹芯板》JC/T 869—2000（已废止）；

（2）中华人民共和国国家标准《建筑用岩棉、矿渣棉绝热制品》GB/T 19686—2005；

（3）中华人民共和国国家标准《绝热用岩棉、矿渣棉及其制品》GB/T 11835—2007 替代 GB/T 11835—1998；

（4）中华人民共和国国家标准《绝热用玻璃棉及其制品》GB/T 13350—2008 替代 GB/T 13350—2000；

（5）中华人民共和国国家标准《建筑绝热用玻璃棉制品》GB/T 17795—2008 替代 GB/T 17795—1999。

保温棉关联制品的用途差异　　　　　　　　　　　表 A-1

名称	主要用途
金属面岩棉、矿渣棉夹芯板 JC/T 869—2000（已废止）	用于工业与民用建筑的屋面及内外墙体
建筑用岩棉、矿渣棉绝热制品 GB/T 19686—2005	用于在建筑物围护结构及具有保温功能的建筑构件和地板
绝热用岩棉、矿渣棉及其制品 GB/T 11835—2007	用于在建筑物围护结构及具有保温功能的建筑构件和地板
建筑绝热用玻璃棉制品 GB/T 17795—2008	用于在建筑物围护结构及具有保温功能的建筑构件和地板

注：中华人民共和国建材行业标准《金属面岩棉、矿渣棉夹芯板》JC/T 869—2000 已废止，目前暂无更新替代标准，改标准所提到的数据仅供参考，不可用于实际工程。

保温棉关联制品的热工性能差异   表 A-2

名称	常用厚度（mm）	热阻 R 导热系数 $[W/(m \cdot K)]$	面材厚度 0.5mm / 面密度（kg/m²） 密度（kg/m³）	面材厚度 0.6mm	燃烧性能
金属面岩棉、矿渣棉夹芯板 JC/T 869—2000	50		13.5kg/m²	15.1kg/m²	不低于 30min
	80		16.5kg/m²	18.1kg/m²	
	100		18.5kg/m²	20.1kg/m²	不低于 60min
	120		20.5kg/m²	22.1kg/m²	
	150		23.5kg/m²	25.1kg/m²	
	200		28.5kg/m²	30.1kg/m²	
建筑用岩棉、矿渣棉绝热制品 GB/T 19686—2005	30	热阻 0.71	40～60kg/m³		A 级
	50	热阻 1.20			
	100	热阻 2.40			
	150	热阻 3.57			
	30	热阻 0.75	61～80kg/m³		
	50	热阻 1.25			
	100	热阻 2.50			
	150	热阻 3.75			
	30	热阻 0.79	81～120kg/m³		
	50	热阻 1.32			
	100	热阻 2.63			
	150	热阻 3.95			
	30	热阻 0.75	121～200kg/m³		
	50	热阻 1.25			
	100	热阻 2.50			
	150	热阻 3.75			
绝热用岩棉、矿渣棉及其制品 GB/T 11835—2007	棉	导热 0.044	≤150kg/m³		不燃材料
	板 30～150	导热 0.044	40～80kg/m³		
		导热 0.044	81～100kg/m³		
		导热 0.043	101～160kg/m³		
		导热 0.044	161～300kg/m³		
	带	导热 0.052	40～100kg/m³		
		导热 0.049	101～160kg/m³		

名称	常用厚度 (mm)		热阻 R 导热系数 [W/(m·K)]	面材厚度 0.5mm	面材厚度 0.6mm	燃烧 性能
				面密度（kg/m²） 密度（kg/m³）		
绝热用岩棉、矿渣 棉及其制品 GB/T 11835—2007	毡、缝 毡、贴 面毡		导热 0.044	40～100kg/m³		不燃 材料
			导热 0.043	101～160kg/m³		
	管壳		导热 0.044	40～200kg/m³		
建筑绝热用玻璃 棉制品 GB/T 1795—2008 （表中的导热系数和 热阻的要求是针对 制品，而密度是指 去除外覆层的制品）	毡	50	热阻 0.95	10kg/m³ 12kg/m³		无覆层 制品不 低于 A2 级， 带覆层 制品由 供需双 方商定
		75	热阻 1.43			
		100	热阻 1.90			
		50	热阻 1.06	14kg/m³ 16kg/m³		
		75	热阻 1.58			
		100	热阻 2.11			
		25	热阻 0.55	20kg/m³ 24kg/m³		
		40	热阻 0.88			
		50	热阻 1.10			
		25	热阻 0.59	32kg/m³		
		40	热阻 0.95			
		50	热阻 1.19			
		25	热阻 0.64	40kg/m³		
		40	热阻 1.03			
		50	热阻 1.28			
		25	热阻 0.70	48kg/m³		
		40	热阻 1.12			
		50	热阻 1.40			
	板	25	热阻 0.55	24kg/m³		
		40	热阻 0.88			
		50	热阻 1.10			
		25	热阻 0.59	32kg/m³		
		40	热阻 0.95			
		50	热阻 1.19			
		25	热阻 0.64	40kg/m³		
		40	热阻 1.03			
		50	热阻 1.28			

名称		常用厚度 （mm）	热阻 R 导热系数 [W/(m·K)]	面材厚度 0.5mm	面材厚度 0.6mm	燃烧 性能
				面密度（kg/m²） 密度（kg/m³）		
建筑绝热用玻璃 棉制品 GB/T 1795—2008 （表中的导热系数和 热阻的要求是针对 制品，而密度是指 去除外覆层的制品）	板	25	热阻 0.70	48kg/m³		无覆层 制品不 低于 A2 级， 带覆层 制品由 供需双 方商定
		40	热阻 1.12			
		50	热阻 1.40			
		25	热阻 0.72	64/80/96kg/m³		

附录 B 聚苯乙烯关联制品材料性能参数比较

以下几种是比较常见的聚苯乙烯关联制品：

(1) 中华人民共和国国家标准《绝热用模塑聚苯乙烯泡沫塑料》GB/T 10801.1—2002；

(2) 中华人民共和国国家标准《绝热用挤塑聚苯乙烯泡沫塑料》(XPS) GB/T 10801.2—2002；

(3) 中华人民共和国建筑工业行业标准《膨胀聚苯板薄抹灰外墙外保温系统》JG 149—2003；

(4) 中华人民共和国建筑工业行业标准《胶粉聚苯颗粒外墙外保温系统材料》JG/T 158—2013；

(5) 中华人民共和国建筑工业行业标准《现浇混凝土复合膨胀聚苯板外墙外保温技术要求》JG/T 228—2007。

聚苯乙烯关联制品的尺寸要求差异（单位 mm）　表 B-1

名称	长宽尺寸	对角线尺寸	厚度尺寸
绝热用模塑聚苯乙烯泡沫塑料 GB/T 10801.1—2002	<1000	<1000	<50
	1000～2000	1000～2000	50～75
	2000～4000	2000～4000	75～100
	>4000	>4000	>100
膨胀聚苯板薄抹灰外墙外保温系统 JG 149—2003			<50
			≥50
现浇混凝土复合膨胀聚苯板外墙外保温技术要求 JG/T 228—2007	<1000		<50
			50～100
			>100
绝热用挤塑聚苯乙烯泡沫塑料 (XPS) GB/T 10801.2—2002	<1000	<1000	<50
	1000～2000	1000～2000	≥50
	>2000	>2000	

聚苯乙烯关联制品的热工性能差异 表 B-2

名称	密度 (kg/m³)	导热系数 [W/(m·K)]			燃烧性能
绝热用模塑聚苯乙烯泡沫塑料 GB/T 10801.1—2002	15	0.041			B2 级
	20				
	30	0.039			
	40				
	50				
	60				
膨胀聚苯板薄抹灰外墙外保温系统 JG 149—2003	18～22	≤0.041			阻燃型
现浇混凝土复合膨胀聚苯板外墙外保温技术要求 JG/T 228—2007	18～22	≤0.041			阻燃型
绝热用挤塑聚苯乙烯泡沫塑料 (XPS) GB/T 10801.2—2002		压强	10℃	25℃	B2 级
		带表皮 X150			
		X200			
		X250	0.028	0.030	
		X300			
		X350			
		X400			
		X450	0.027	0.029	
		X500			
		不带表皮 W200	0.033	0.035	
		W300	0.030	0.032	
胶粉聚苯颗粒外墙外保温系统材料 JG/T 158—2013	180～250 (浆料)	≤0.060			B1 级

附录 C 硬质绝热制品性能比较

以下几种是比较常见的硬质绝热制品：

（1）中华人民共和国建材行业标准《泡沫玻璃绝热制品》JC/T 647—1996；

（2）中华人民共和国国家标准《绝热用硬质酚醛泡沫制品》GB/T 20974—2007。

硬质绝热制品的热工性能差异 表 C-1

名称	厚度（mm）	密度（kg/m³）	导热系数 [W/(m·K)]				燃烧性能
泡沫玻璃绝热制品 JC/T 647—1996	40～100	≤150		优等	一等	合格	
			35℃	0.058	0.062	0.066	
			−40℃	0.046	0.050	0.054	
		151～180			一等	合格	
			35℃		0.062	0.066	
			−40℃		0.050	0.054	
绝热用硬质酚醛泡沫制品 GB/T 20974—2007	<50 50～100 >100			10℃	25℃		B1 级
		≤60		0.032	0.035		
		61～120		0.038	0.040		
		>120		0.044	0.046		

附录 D　聚氨酯制品性能比较

以下几种是比较常见的聚氨酯制品：

（1）中华人民共和国公共安全行业标准《软质阻燃聚氨酯泡沫塑料》GA 303—2001；

（2）中华人民共和国国家标准《喷涂硬质聚氨酯泡沫塑料》GB/T 20219—2006；

（3）中华人民共和国建材行业标准《喷涂聚氨酯硬泡体保温材料》JC/T 998—2006；

（4）中华人民共和国国家标准《建筑绝热用硬质聚氨酯泡沫塑料》GB/T 21558—2008。

聚氨酯制品的热工性能差异　　　　　　　　表 D-1

名称	厚度（mm）	密度（kg/m³）	导热系数 [W/(m·K)]			燃烧性能
软质阻燃聚氨酯泡沫塑料 GA 303—2001	10～149					B1/B2
喷涂硬质聚氨酯泡沫塑料 GB/T 20219—2006			初始	10℃	0.020	应符合使用场所的防火等级要求
				23℃	0.022	
			老化	10℃	0.024	
				23℃	0.026	
喷涂聚氨酯硬泡体保温材料 JC/T 998—2006		30 35 50	0.024			B2
建筑绝热用硬质聚氨酯泡沫塑料 GB/T 21558—2008	≤50 50～100 >100	25	一类	10℃	—	
				23℃	0.026	
		30	二类	10℃	0.022	
				23℃	0.024	
		35	三类	10℃	0.022	
				23℃	0.024	

附录 E　建筑用反射隔热涂料

以下是现行的建筑用反射隔热涂料标准：

（1）中华人民共和国国家标准《建筑用反射隔热涂料》GB/T 25261—2010；

（2）中华人民共和国化工工业行业标准《金属表面用热反射隔热涂料》HG/T 4341—2012；

（3）中华人民共和国建材行业标准《建筑外表面用热反射隔热涂料》JC/T 1040—2007；

（4）中华人民共和国建筑工业行业标准《建筑反射隔热涂料》JG/T 235—2014（原2008版已经废止）；

（5）中华人民共和国行业标准《建筑反射隔热涂料节能检测标准》JGJ/T 287—2014；

（6）中华人民共和国行业标准《建筑反射隔热涂料应用技术规程》JGJ/T 359—2015。

《建筑反射隔热涂料》JG/T 235—2014中按涂层明度值对产品分类：

（1）低明度反射隔热材料：$L^* \leqslant 40$。

（2）中明度反射隔热涂料：$40 < L^* < 80$。

（3）高明度反射隔热涂料：$L^* \geqslant 80$。

《建筑用反射隔热涂料》GB/T 25261—2010中对产品性能的要求：

（1）太阳光反射比，白色$\geqslant 0.80$。

（2）半球反射率$\geqslant 0.80$。

《建筑反射隔热涂料》JG/T 235—2014对

产品反射隔热性能的要求　　　　表 E-1

序号	项目		指标		
			低明度	中明度	高明度
1	太阳光反射比	$\geqslant$	0.25	0.40	0.65

序号	项目		指标		
			低明度	中明度	高明度
2	近红外反射比 ≥		0.40	L^* 值/100	0.80
3	半球反射率 ≥			0.85	
4	污染后太阳光反射比变化率[a] ≤		—	15%	20%
5	人工气候老化后太阳光反射比变化率 ≤			5%	

[a] 该项仅限于三刺激值中的 $Y_{D65} \geqslant 31.26$（$L^* \geqslant 62.7$）的产品

《建筑反射隔热涂料应用技术规程》JGJ/T 359—2015
对产品污染后太阳光反射比技术指标的要求　　表 E-2

项目	技术指标	
	外墙	屋面
污染后太阳光反射比	≥0.50	≥0.60

《建筑反射隔热涂料应用技术规程》JGJ/T 359—2015
对产品污染修正后太阳辐射吸收系数的要求　　表 E-3

	外墙	屋面
重质外墙和屋面	不宜高于 0.5	不宜高于 0.4
轻质外墙和屋面	不宜高于 0.4	不宜高于 0.4

《建筑反射隔热涂料应用技术规程》JGJ/T 359—2015 对产品污染修正后太阳辐射吸收系数计算的规定（原文摘自规程附录 B）：

B.0.1　当采用污染修正系数计算时，污染修正后的太阳辐射吸收系数应按下列公式计算：

$$\rho_c = \rho \cdot a \qquad (B.0.1-1)$$
$$\rho = 1 - \gamma \qquad (B.0.1-2)$$
$$a = 11.384 \cdot (\rho \cdot 100)^{-0.6241} \qquad (B.0.1-3)$$

式中　ρ_c——污染修正后的太阳辐射吸收系数；

γ——污染前涂料饰面实验检测的太阳光反射比；

ρ——污染前太阳辐射吸收系数；

a——污染修正系数。

B.0.2　当采用污染后太阳光反射比计算时，污染修正后的太阳辐射吸收系数应按下式计算：

$$\rho_c = 1 - \gamma_c \qquad (B.0.1\text{-}4)$$

式中 γ_c——污染后太阳光反射比,按本规程第 3.0.1 条规定的实验方法确定。

《建筑反射隔热涂料应用技术规程》JGJ/T 359—2015 对在外墙与屋面使用产品的等热阻的规定(原文摘自规程附录 C):

对在外墙使用产品污染修正后太阳辐射吸收系数的要求 表 E-4

污染修正后的太阳辐射吸收系数		$\rho_c \leqslant 0.3$	$0.3 < \rho_c \leqslant 0.4$	$0.4 < \rho_c \leqslant 0.5$	$0.5 < \rho_c \leqslant 0.5$
等效热阻值 R_{eq} ($m^2 \cdot K/W$)	$1.2 < K \leqslant 1.5$	0.19	0.16	0.12	0.07
	$1.0 < K \leqslant 1.2$	0.24	0.20	0.15	0.09
	$0.7 < K \leqslant 1.0$	0.28	0.23	0.18	0.11
	$K \leqslant 0.7$	0.40	0.34	0.25	0.16

注:K 为外墙未采用建筑反射隔热涂料的传热系数,单位为 $W/(m^2 \cdot K)$。

对在屋面使用产品污染修正后太阳辐射吸收系数的要求 表 E-5

污染修正后的太阳辐射吸收系数		$\rho_c \leqslant 0.3$	$0.3 < \rho_c \leqslant 0.4$	$0.4 < \rho_c \leqslant 0.5$	$0.5 < \rho_c \leqslant 0.5$
等效热阻值 R_{eq} ($m^2 \cdot K/W$)	$0.8 < K \leqslant 1.0$	0.43	0.33	0.25	0.18
	$0.6 < K \leqslant 0.8$	0.54	0.42	0.31	0.22
	$0.4 < K \leqslant 1.0$	0.71	0.56	0.42	0.29
	$K \leqslant 0.4$	1.07	0.83	0.63	0.44

注:K 为屋面未采用建筑反射隔热涂料的传热系数,单位为 $W/(m^2 \cdot K)$。

附录 F　浙江省城市城区建设工程全面推广使用新型墙体材料工作实施方案

　　根据《浙江省发展新型墙体材料条例》（以下简称《条例》）、《国家发展改革委办公厅关于开展"十二五"城市城区限制使用黏土制品县城禁止使用实心黏土砖工作的通知》（发改办环资〔2012〕2313 号）和《浙江省人民政府关于积极推进绿色建筑发展的若干意见》（浙政发〔2011〕56 号）精神，参照周边省市做法，结合我省实际，并经省政府同意，决定自 2013 年 8 月 1 日起在各市、县（市、区）中分期分批开展城市城区建设工程（农民个人自建和联户自建住房及修缮古建筑、文物保护单位等特殊建筑除外）全面推广使用新型墙体材料工作。现制定如下实施方案：

一、充分认识全面推广使用新型墙体材料工作的重要性和必要性

　　《条例》颁布实施五年来，我省新型墙体材料推广应用步伐加快，黏土砖生产得到有效遏制，"禁实限黏"工作取得了积极进展，产业转型升级和社会经济效益明显，为全省节能减排、资源综合利用、节约用地和建筑业发展做出了应有的贡献。但各地以黏土砖为主的烧结类墙体材料仍有不同程度存在，离发展绿色建筑、提升建设领域绿色发展水平还有很大的差距，新型墙体材料推广应用工作还需要进一步加强。同时，国家发展改革委已将"城市限制使用黏土制品县城城区禁止使用实心黏土砖"工作纳入"十二五"对省级人民政府节能目标考核，并要求东中部有条件的地区开展城市禁止使用黏土制品工作。因此，在全省城市城区建设工程中开展全面推广使用新型墙体材料工作，不仅是贯彻落实国家部署的要求，也是我省加强资源节约和综合利用，发展绿色建筑，促进生态文明建设的需要。各地要充分认识这项工作的重要性和必要性，切实把它摆在重要的位置，严格按照国家和我省要求，采取积极有效措施，确保完成目标任务。

二、全面推广使用新型墙体材料的范围、对象和时间

（一）全省11个设区市及义乌市、富阳市、慈溪市、余姚市、诸暨市城区的建设工程，自2013年8月1日起全面推广使用新型墙体材料，禁止使用黏土类墙体材料。

（二）桐庐县、奉化市、乐清市、瑞安市、平湖市、海宁市、桐乡市、海盐县、嘉善县、德清县、长兴县、安吉县、绍兴县、上虞市、嵊州市、永康市、东阳市、兰溪市、江山市、青田县城区的建设工程，自2014年1月1日起全面推广使用新型墙体材料，禁止使用黏土类墙体材料。

（三）除上述所列的县（市）外，其他县（市）城区的建设工程，自2015年1月1日起全面推广使用新型墙体材料，禁止使用黏土类墙体材料。

本方案所称城市城区范围，设区市原则上应包括所辖各区，县（市）原则上应包括县（市）人民政府所在镇（街道）以及辖区内其他街道和独立建制的开发区。

本方案所称黏土类墙体材料，是指开挖农用地、破坏生态环境，利用黏土生产的墙体材料。国家墙体材料目录规定的采用城市建筑废弃物和河道淤泥等生产的已取得省级新墙材产品认定证书的产品不作为黏土类墙体材料。

三、工作措施

（一）加强组织领导。各地政府要高度重视墙体材料改革工作，把全面推广使用新型墙体材料工作纳入政府的重要议事日程，研究出台全面推广使用新型墙体材料的实施方案，将城市城区建设工程全面推广使用新型墙体材料工作纳入节能目标考核；要建立工作协调机制，落实工作责任，形成多部门合力共同推进的局面。各级墙体材料行政管理部门和建设行政管理部门要加强对全面推广使用新型墙体材料工作的监管，按照《条例》和全面推广使用新型墙体材料考核相关要求，抓好各项工作的牵头和落实，确保全面推广使用新型墙体材料目标按时完成。

（二）加强对墙体材料生产环节的管理。全面整治和淘汰城市城区黏土类墙体材料生产企业，确保到"十二五"末全部关停全省

城市城区黏土类墙体材料生产企业；认真落实新墙材产品认定要求，加强对新墙材产品质量的跟踪监督。

（三）加强对工程设计和施工环节的管理。加强对墙体材料应用环节的监督检查和执法，开展定期检查和不定期抽查，确保各项措施落到实处。根据各地全面推广使用新型墙体材料的时限和区域，建设工程设计单位在施工图设计中，应当根据《条例》规定采用新型墙体材料；施工图设计文件审查机构应当对施工图设计文件中使用新型墙体材料的内容进行审查，不符合《条例》规定的，不得通过审查；建设单位和工程施工单位应当按照施工图设计文件使用新型墙体材料，加强新材料在施工进程中的技术研究和管理，确保工程质量安全；建设工程监理单位应当按照施工图设计文件的要求，对工程施工中使用新型墙体材料情况进行监理；建设单位不得要求建设工程设计单位、施工单位违反规定设计使用黏土类墙体材料。

（四）强化墙体材料领域的节能降耗。做好墙体材料生产企业节能降耗政策宣传和贯彻工作，指导和督促企业增强节能降耗意识，提高能源利用水平；做好浙江省标准《烧结砖单位产品综合能耗限额及计算方法》和《蒸压加气混凝土砌块单位产品能耗限额和计算方法》的贯彻实施和对标工作；大力推广墙体材料生产过程中节能降耗新技术、新装备、新工艺的应用，淘汰落后装备及工艺；综合利用低热值废弃物及余热、余汽、余压，提高企业节能降耗效率；加强原材料及产品质量管理，提高产品质量和成品率；加强企业用能管理制度建设，开展墙体材料生产企业能耗统计和普查，确保到 2015 年新型墙体材料产品生产能耗下降 20％，促进本地区节能减排目标的完成。

（五）加大政策支持力度。各级墙体材料行政管理部门要充分发挥新型墙体材料专项基金和税收政策的引导和调控作用，加快落后产能的淘汰，推动烧结类墙体材料企业的关停、整合、转型、提升，大力扶持新型墙体材料生产企业发展，加大对新型墙体材料新产品、新工艺以及技术改造的支持力度，加大对新型墙体材料应用标准、技术及绿色节能建筑开发的扶持力度，推进节能节地利废新型墙体材料的开发应用，促进新型墙体材料行业健康发展。

（六）加大宣传力度。各级墙体材料工作机构要加大对全面推广使用新型墙体材料工作的宣传力度，充分发挥各类传媒的舆论导向和监督作用，采取多种形式，大力宣传贯彻《条例》及相关的政策法规和措施，宣传推进全面推广使用新型墙体材料工作的重要意义，营造良好工作氛围。

附录 G 浙江省经济和信息化委员会关于加快我省墙体材料产业转型升级工作的意见

浙经信资源〔2009〕424 号

各市、县（市、区）经贸委（经贸局）、墙体材料行政管理部门：

为贯彻落实《浙江省发展新型墙体材料条例》和省政府《关于加快工业转型升级的实施意见》（浙政发〔2008〕80 号），进一步推进墙体材料改革工作，加快墙体材料产业转型升级，促进我省墙体材料产业持续健康发展，现提出如下意见：

一、加快墙体材料产业转型升级必要性

"十五"以来，经过全社会的努力和多种政策措施的落实，我省墙体材料产业有了快速发展，新型墙体材料产能总体能满足市场需求，黏土砖生产能力得到有效遏制，经济和社会效益明显，为全省的节能减排、资源综合利用和土地资源节约做出了应有的贡献。但总的看，我省墙体材料产业发展过程中，依然存在着一些问题：以黏土砖为主的烧结制品还大量存在，产品结构仍需进一步调整优化；部分墙体材料企业工艺装备落后、劳动生产力低、能耗高污染重，具有先进工艺技术、装备的新型墙体材料生产企业比例偏小，低水平重复建设依然存在，墙体材料产业层次仍需进一步提升；全省新型墙体材料发展仍不平衡，需进一步加快区域间的协调发展。加快墙体材料产业转型升级，对进一步促进墙体材料结构调整和优化，促进墙体材料生产和应用技术进步，促进全省墙体材料的可持续发展，十分必要。

二、加快墙体材料产业转型升级的总体要求和基本原则

（一）总体要求。围绕推进经济发展方式转变和资源节约型社会建设，加大《浙江省发展新型墙体材料条例》贯彻力度，以保护耕地、节约能源、保护环境、综合利用资源为目的，以调整、优化

墙体材料产品结构为核心，以扶持、促进骨干企业发展为主线，以政策引导为抓手，加快推动墙体材料产业转型升级，促进我省墙体材料产业又好又快发展。

（二）基本原则。

坚持"发展新型墙体材料与促进循环经济和建筑节能相结合"的原则。重点发展利用"采（选）矿废渣、粉煤灰、建筑垃圾、污水处理污泥和江河（湖、海、渠）淤泥"等废渣，生产能耗低，性能优良，符合建筑节能要求的新型墙体材料产品。积极引进、开发和应用先进适用的生产工艺技术与装备，推进各类新型墙体材料生产应用与技术研究开发。

坚持"增量投入和存量调整并举，发展优质产品与提升传统产品共抓"的原则。提高增量水平，提升存量质量，淘汰落后生产能力。加强行业协调管理，提高市场准入门槛，严格制止盲目扩建与低水平重复建设。通过政策调控和加强管理，重点扶持培育优势企业，改造提升烧结砖企业，淘汰落后产能企业。

坚持"规划引导和因地制宜协调发展相结合"的原则。根据各地资源状况、现有产能及市场需求等情况，制定墙体材料总体发展规划，合理布局、发展提升，引导产业转型升级和区域协调发展。鼓励骨干生产企业跨区域建立销售网络，保障市场供应。

三、加快墙体材料产业转型升级的主要措施

（一）加大政策扶持力度，培育发展一批骨干企业。进一步建立和完善新型墙体材料政策法规、产品生产应用技术标准体系，积极利用各项政策措施，继续扶持发展一批骨干企业，成为引领行业发展的龙头企业。充分发挥新型墙体材料专项基金的调控作用，积极落实税收等各项优惠政策，继续实施"一厂一策"等措施，提高企业竞争力。重点扶持一批工艺装备技术先进、利用地方优势资源、利废量大、节能效果好的新型墙体材料企业；重点支持企业技术改造、产品创新和应用拓展，鼓励和帮助企业编制新产品的标准、应用技术规程和科研成果推广；重点支持企业研发新产品和工艺装备。

发展以采（选）矿废渣、建筑垃圾、粉煤灰等废渣为主要原材料生产的混凝土砖、蒸压灰砂砖（蒸压粉煤灰砖）。新建项目年生产规模在 6000 万块标砖以上，分别采用 Q6 型及以上成型机、200 吨及以上液压成型机，配备自动电子配料系统。

发展烧结复合保温砌块、混凝土复合保温砌块、蒸压加气砌块。新建项目年生产规模在 20 万立方米以上，限制使用自备锅炉。

发展机械化生产的利废节能轻质内隔墙板、外墙复合保温板、带装饰面的装配式墙板。新建项目年生产规模：条板类产品在 15 万平方米以上，复合板类产品在 20 万平方米以上，薄板类在 1000 万平方米以上（其中，纸面石膏板在 2000 万平方米以上）。

加大新型墙体材料装备技术研发力度，开展烧结类产品主机设备的技术攻关，提高设备挤出强度和使用寿命，改善空心制品孔型，提高保温性能；支持研制多功能混凝土多孔砖成型机，提高设备激振力；支持研制轻质板材成型工艺专用装备，规范板材的生产技术与设备标准，提高轻质板材生产工艺技术水平。

开展围护结构墙体自保温体系及保温复合型墙体体系研究及应用技术的推广；开展复合式装饰节能砌块和轻质节能砌块复合墙体的研究及应用技术的推广；开展异形柱框架、钢筋混凝土剪力墙、框架大开间、轻钢框架结构及成套节能房屋相配套的部品、新型墙体材料产品的研制与应用技术的推广。

（二）落实政策法规，淘汰一批落后产能企业。对不符合国家产业政策和《浙江省发展新型墙体材料条例》规定，工艺技术落后、装备水平低，产品质量不符合建筑市场需求等落后生产能力，采取有力的措施，实施淘汰。重点淘汰证照不全，使用简易移动式混凝土砌块成型机、附着式振动成型台和人工配料搅拌，年单机生产能力 3000 万块标砖以下的墙体材料生产企业。开展烧结砖瓦窑整治工作，到 2012 年，在完成上一轮（2007 年底前）关停烧结砖瓦窑的基础上，各市继续完成关停烧结砖瓦窑 20% 以上。重点对不符合国家产业政策以及在城市规划区、生态保护区、风景名胜区、文物古迹保护区、基本农田保护区范围内和国道、省道、铁路、高速公路沿线可视范围内的烧结砖瓦窑进行整治。

（三）整合创新，改造提升一批烧结砖企业。对全省烧结砖生产能力实行总量控制，制止盲目扩张。要按照产能等量或减量置换原则，采用先进适用技术，通过优化整合和改造，提升烧结砖企业水平。各市根据当地烧结砖企业、区域发展需要和可利用资源的情况，制定整合改造控制规划报省发展新型墙体材料办公室备案。各地在关停烧结砖瓦窑计划数量的基础上，可对保留烧结砖企业进行置换整合改造，项目总数不超过保留企业数目的20%。

实施置换整合改造的企业（项目）必须同时具备以下条件：

符合经省备案的烧结砖整合改造控制规划；企业具有合法的土地使用证；利用江河（湖、海、渠）淤泥、建筑垃圾、粉煤灰、污水处理污泥、煤矸石、页岩等为原料生产；产品为烧结多孔砖（矩形孔）及空心砖（砌块），禁止生产烧结普通砖；采用55型及以上双级真空挤砖机，余热利用干燥工艺，焙烧窑炉符合《砖瓦焙烧窑炉》（JC 982—2005）标准要求；开展原材料处理过程中的粉尘治理和焙烧窑烟气综合治理；综合能耗符合《烧结砖单位产品综合能耗限额及计算方法》（DB 33/767—2009）标准要求。

重点支持产能实行置换重组，年生产规模在6000万块标砖以上，采用隧道窑焙烧工艺和60型及以上双级真空挤砖机，生产空心砖（砌块）的企业（项目）。

（四）严格新型墙体材料产品认定，加强日常监督管理。按照《浙江省新型墙体材料产品认定管理办法》组织新型墙体材料企业（产品）认定。认定机构要严格把关，重点对项目审批文件、生产规模与工艺等情况进行审核；严格土地政策，凡新申报认定的企业必须提供土地使用证或县级以上人民政府批文等合法用地证明；加强产品标识化管理，申报企业的产品上必须标有经企业所在地市级新墙办备案的产品标识或商标，没有标识的产品不予认定；建立完善企业产品质量保证体系，申报认定的企业必须建立原材料和产品检验室，配备专职检测人员，建立完善、规范的质量管理制度和产品检验状态记录；配备电子控制计量配送系统，建立原材料状态标注和消耗台账。

停止对圆形孔烧结类产品的新型墙体材料产品认定。

经认定的产品，可以在浙江省建筑工程中推广应用，可以按规定比例给予退还新型墙体材料专项基金预缴款，其生产企业可以享受新型墙体材料专项基金贴息（补助）等扶持政策，可以按国家和本省有关规定，向主管税务机关申请增值税即征即退50％等税收优惠政策。

已认定为新型墙体材料并获得《浙江省新型墙体材料产品认定证书》的非烧结类产品生产企业，没达到以上要求的，政策过渡期为四年。

已认定为新型墙体材料并获得《浙江省新型墙体材料产品认定证书》的烧结类产品生产企业，没达到置换整合改造必备条件及以上要求的，政策过渡期为两年。

加强对认定产品质量及企业产品质量管理情况的抽查工作，监督和督促企业加强内部产品质量管理体系的建设和完善，对抽查结果不符合认定条件的，申报单位被发现有虚报、瞒报情况的或倒卖、租借、转让《浙江省新型墙体材料产品认定证书》的，按认定管理办法要求收回、取消认定证书或取消重新申报资格。

（五）加强新型墙体材料专项基金管理，发挥基金调控作用。严格做好新型墙体材料专项基金征收和解缴工作；加大对重点骨干生产企业和新产品、新工艺技术装备研发的投入；加强专项基金退还管理，规范退还程序及计算方法，退还项目必须经现场验收并提供专项基金预缴款凭证（复印件）、现场验收记录、经有资质单位出具的工程预算书或决（结）算书、墙体材料销售发票等相关资料。使用未获得《浙江省新型墙体材料产品认定证书》的墙体材料的建筑工程项目不予退还新型墙体材料专项基金预缴款。

（六）加强节能降耗，提高能源利用水平。加强企业用能监管，督促企业建立用能管理制度，建立产品能源消耗统计台账，推广使用节能技术和设备，引导和鼓励企业加强低热值燃料和余热利用，降低生产能源消耗，提高能源利用水平。严格执行相关能耗限额标准，依法、依规查处各种违法用能行为。

2009 年 11 月 30 日

附录 H 无机轻集料保温砂浆参数在国标与省标的比较

以下两部是浙江省内使用的无机轻集料保温砂浆技术规程：

（1）中华人民共和国行业标准《无机轻集料保温砂浆技术规程》JGJ 253—2011，以下简称"国标无机砂浆规程"；

（2）浙江省工程建设标准《无机轻集料保温砂浆及系统技术规程》DB 33/T 1054—2008，以下简称"省标无机砂浆规程"。

热工参数与分类比较　　　　　　　　　　表 H-1

项目	单位	省标无机砂浆规程			国标无机砂浆规程		
		C 型	B 型	A 型	Ⅰ 型	Ⅱ 型	Ⅲ 型
干密度①	kg/m³	≤350	≤450	≤550	≤350	≤450	≤550
抗压强度	MPa	≥0.60	≥1.0	≥2.0	≥0.50	≥1.00	≥2.50
拉伸黏结强度	kPa	≥150	≥200	≥250	≥100	≥150	≥250
导热系数	W/(m·K)	≤0.070	≤0.085	≤0.100	≤0.070	≤0.085	≤0.100
燃烧性能		A1 级			A2 级		

①当导热系数有保障时，干密度指标可根据实际技术水平制订相应企业标准加以规定。

应用部位比较　　　　　　　　　　表 H-2

省标无机砂浆规程	国标无机砂浆规程
1. 外墙内保温及分户墙保温系统基本构造和楼地面保温系统不作耐候性、抗风荷载性能要求； 2. 无机轻集料保温砂浆 A 型主要用于辅助保温、复合保温及楼地面保温，B 型主要用于外保温，C 型主要用于内保温及分户墙保温	1. 外墙内保温系统的耐候性、耐冻融性能不作要求。 2. 无机轻集料保温砂浆 Ⅲ 型不宜单独用于外墙保温，主要用于辅助保温

外保温设计及饰面砖要求比较　　　　　　　　　　表 H-3

项目		单位	省标无机砂浆规程	国标无机砂浆规程
			饰面砖的性能要求：外保温饰面砖应采用粘贴面带有燕尾槽的产品并不得带有脱模具	
单块尺寸	表面面积	cm²	≤200	≤0.02
	厚度	cm	≤0.75	≤7.5

续表

项目	单位	省标无机砂浆规程	国标无机砂浆规程
		饰面砖的性能要求：外保温饰面砖应采用粘贴面带有燕尾槽的产品并不得带有脱模具	
单位面积质量	kg/m²	≤20	≤20
吸水率	%	1.0~3.0	无此项
抗冻性	—	10次冻融循环无破坏	无此项
设计	一般规定	无机轻集料砂浆保温系统宜用于外保温系统，且外墙外保温厚度不宜大于50mm	
	建筑构造	无机轻集料保温砂浆层厚度应符合墙体热工性能设计要求。应严格控制抗裂面层厚度，并应采取可靠抗裂措施确保抗裂面层不开裂。含耐碱布的抗裂面层厚度为：涂料面层不应小于3mm，单层网布加面砖不应小于5mm，双层网布加面砖不应小于7mm	抗裂面层中应设置玻纤网，应严格控制抗裂面层厚度。涂料饰面时复合玻纤网的抗裂面层厚度不应小于3mm，面砖饰面时复合玻纤网的抗裂面层厚度不应小于5mm

常规性能指标比较 表 H-4

	项目	省标无机砂浆规程	国标无机砂浆规程
耐候性	涂料饰面 · 循环后不得出现开裂、空鼓或脱落	经80次高温（70℃）、淋水（15℃）和5次加热（50℃）、冷冻（−20℃）	
	面砖饰面 · 循环后不得出现开裂、空鼓或脱落	经80次高温（70℃）、淋水（15℃）和30次加热（50℃）、冷冻（−20℃）	
	抗裂面层与保温层的拉伸黏结强度，并且破坏部位应位于保温层内	C型保温砂浆：≥0.10MPa；B型保温砂浆：≥0.15MPa；A型保温砂浆：≥0.15MPa	I型保温砂浆：≥0.10MPa；II型保温砂浆：≥0.15MPa；III型保温砂浆：≥0.25MPa
	饰面砖黏结强度（耐候性试验后）	平均值不得小于0.4MPa，可有一个试样黏结强度小于0.4MPa，但不应小于0.3MPa	30次冻融循环后，系统无空鼓、脱落，无渗水裂缝。经耐候性试验后，面砖饰面系统的拉伸黏结强度不应小于0.4MPa
	抗风荷载性能	系统抗风压值 R_d≥6.0kPa	当需要检验外墙外保温系统抗风载性能时，性能指标和试验方法由供需双方协商确定

项目		省标无机砂浆规程	国标无机砂浆规程
抗冲击性	普通型	≥3J，且无宽度大于0.1mm的裂缝；	（单层玻纤网）：3J，且无宽度大于0.10mm的裂纹
	加强型	≥10J，且无宽度大于0.1mm的裂缝	（双层玻纤网）：3J，且无宽度大于0.10mm的裂纹
抗裂面层不透水性		无此项	2h不透水
吸水量（在水中浸泡1h）		无此项	≤1000g/m²
抗裂面层复合饰面层水蒸汽湿流密度		平均不得小于0.85g/(m²·h)	≥0.85g/(m²·h)
热阻		符合设计要求	
稠度保留率（1h）	%	无此项	≥60
线性收缩率	%	≤0.25	
软化系数①	—	≥0.6	
抗冻性能	抗压强度损失率	%	≤20
	质量损失率	%	≤5
石棉含量		不含石棉纤维	
放射性		同时满足 I_{Ra}≤1.0 和 I_r≤1.0	

①保温砂浆用于内保温及分户墙保温和楼地面保温时软化系数和抗冻性能指标不作要求。

配套耐碱网布（玻纤网）的性能要求比较　　表 H-5

项目	单位	省标无机砂浆规程	国标无机砂浆规程
网孔中心距	mm	4～8	5～8
单位面积质量	g/m²	≥130	
拉伸断裂强力（经、纬向）	N/50mm	≥1000	≥750
断裂伸长率（经、纬向）	%	≤4.0	≤5.0
耐碱断裂强力保留率（经、纬向）	%	≥75	≥50
氧化锆、氧化钛含量	—	ZrO_2含量为（14.5±0.8)%，TiO_2含量为（6.0±0.5)%；或 ZrO_2 和 TiO_2 的含量≥19.2%，同时 ZrO_2 含量≥13.7%；或 ZrO_2含量≥16.0%	无此项
可燃物含量	%	≥12	无此项

施工与验收要点比较 表 H-6

	省标无机砂浆规程	国标无机砂浆规程
施工要点	无特殊要求	保温砂浆施工应在界面砂浆形成强度前分层施工，每层保温砂浆厚度不宜大于 20mm；保温砂浆层与基层之间及各层之间黏结应牢固，不应脱层、空鼓和开裂
	在保温系统与非保温系统部分的接口部分，大面上的玻纤网应延伸搭接到非保温系统部分，搭接宽度不应小于 100mm	
质量验收（一般规定）	无特殊要求	保温系统采用的砂浆均为单组分砂浆，现场不得添加水以外的其他材料
	墙体（保温/节能）工程验收的检验批划分应符合下列规定： 1. 采用相同材料、工艺和施工做法的墙面，每 500～1000m² 墙体保温施工面积应划分为一个检验批，不足 500m² 也应为一个检验批。 2. 检验批的划分也可根据与施工流程相一致且方便施工与验收的原则，由施工单位与监理（建设）单位共同商定	

附录 I 第 2 版主要修编内容

1. 常见名词释义

"自保温体系"、"复合保温隔热体系"定义按浙江省工程建设标准《墙体自保温系统应用技术规程》DB 33/T 1102—2014 内容修改。

2. 相关名词缩写

按中华人民共和国行业标准《夏热冬冷地区居住建筑节能设计标准》JGJ 134—2010：

"外窗综合遮阳系数"简称"SCw"；

"窗的综合遮阳系数"简称"SC"；

"窗本身的遮阳系数"简称"SCc"；

"玻璃的遮阳系数"简称"SC_B"。

按中华人民共和国国家标准《公共建筑节能设计标准》GB 50189—2015：

"太阳得热系数 SHGC"简称为"SHGC"。

3. 新增规范、标准

浙江省工程建设标准《居住建筑节能设计标准》DB 33/1015—2015；

中华人民共和国国家标准《公共建筑节能设计标准》GB 50189—2015；

浙江省工程建设标准《墙体自保温系统应用技术规程》DB 33/T 1102—2014。

4. 章节调整

将屋面透明部分相关内容、天然采光、自然通风作为一章。

新增附录 E 建筑用反射隔热涂料。

新增附录 F 浙江省城市城区建设工程全面推广使用新型墙体材料工作实施方案。

新增附录 G 浙江省经济和信息化委员会关于加快我省墙体材料产业转型升级工作的意见。

新增附录 H 较常用保温材料及系统相关标准。

5. 内容调整

删除原版构造中已不符新标准最低要求的内容。

附录 J 较常用保温材料及系统相关标准

（1）中华人民共和国国家标准《建筑设计防火规范》GB 50016—2014；

（2）中华人民共和国国家标准《绝热用模塑聚苯乙烯泡沫塑料》GB/T 10801.1—2002；

（3）中华人民共和国国家标准《绝热用挤塑聚苯乙烯泡沫塑料（XPS）》GB/T 10801.2—2002；

（4）中华人民共和国国家标准《建筑用岩棉、矿渣棉绝热制品》GB/T 19686—2005；

（5）中华人民共和国国家标准《喷涂硬质聚氨酯泡沫塑料》GB/T 20219—2006；

（6）中华人民共和国国家标准《建筑保温砂浆》GB/T 20473—2006；

（7）中华人民共和国国家标准《绝热用硬质酚醛泡沫制品（PF）》GB/T 20974—2007；

（8）中华人民共和国国家标准《建筑绝热用硬质聚氨酯泡沫塑料》GB/T 21558—2008；

（9）中华人民共和国国家标准《建筑外墙外保温用岩棉制品》GB/T 25975—2010；

（10）中华人民共和国国家标准《膨胀玻化微珠保温隔热砂浆》GB/T 26000—2010；

（11）中华人民共和国国家标准《建筑外墙外保温系统的防火性能试验方法》GB/T 29416—2012；

（12）中华人民共和国国家标准《模塑聚苯板薄抹灰外墙外保温系统材料》GB/T 29906—2013；

（13）中华人民共和国国家标准《挤塑聚苯板（XPS）薄抹灰外墙外保温系统材料》GB/T 30595—2014；

（14）中华人民共和国建筑工业行业标准《膨胀聚苯板薄抹灰外墙外保温系统》JG 149—2003；

（15）中华人民共和国行业标准《外墙外保温工程技术规程》JGJ 144—2004；

（16）中华人民共和国行业标准《无机轻集料砂浆保温系统技术规程》JGJ 253—2011；

（17）中华人民共和国行业标准《建筑外墙外保温防火隔离带技术规程》JGJ 289—2012；

（18）中华人民共和国建筑工业行业标准《胶粉聚苯颗粒外墙外保温系统材料》JG/T 158—2013；

（19）中华人民共和国建筑工业行业标准《保温装饰板外墙外保温系统材料》JGT 287—2013；

（20）中华人民共和国行业标准《建筑陶瓷薄板应用技术规程》JGJ/T 172—2012；

（21）中华人民共和国建筑工业行业标准《膨胀玻化微珠轻质砂浆》JG/T 283—2010；

（22）中华人民共和国建筑工业行业标准《聚氨酯硬泡复合保温板》JG/T 314—2012；

（23）中华人民共和国建筑工业行业标准《建筑外墙用铝蜂窝复合板》JG/T 334—2012；

（24）中华人民共和国建筑工业行业标准《金属装饰保温板》JG/T 360—2012；

（25）中华人民共和国建筑工业行业标准《外墙保温用锚栓》JG/T 366-2012；

（26）中华人民共和国建筑工业行业标准《硬泡聚氨酯板薄抹灰外墙外保温系统材料》JG/T 420—2013；

（27）中华人民共和国建材行业标准《挤塑聚苯板薄抹灰外墙外保温系统用砂浆》JC/T 2084—2011；

（28）中国工程建设协会标准《酚醛泡沫板薄抹灰外墙外保温工程技术规程》CECS 335—2013。

主要参考文献

[1] 广东省建筑科学研究院，广东省建筑工程集团有限公司. JGJ/T 151—200 建筑门窗玻璃幕墙热工计算规程［S］. 北京：中国建筑工业出版社，2009.

[2] 浙江大学建筑设计研究院，浙江省建筑设计研究院，浙江省气象科学研究所. DB 33/1036—2007 公共建筑节能设计标准［S］. 北京：中国计划出版社，2007.

[3] 浙江大学建筑设计研究院有限公司，浙江省建筑设计研究院，浙江省气象科学研究所. DB 33/1015—2015 居住建筑节能设计标准［S］. 北京：中国建筑工业出版社，2015.

[4] 中国建筑工程总公司. ZJQ00—SG—007—2003 屋面工程施工工艺标准［S］. 北京：中国建筑工业出版社，2003.

[5] 中国建筑科学研究院. GB 50176—93 民用建筑热工设计规范［S］. 北京：中国计划出版社，1993.

[6] 中国建筑科学研究院. GB 50189—2015 公共建筑节能设计标准［S］. 北京：中国建筑工业出版社，2015.

[7] 中国建筑科学研究院. JGJ 134—2010 夏热冬冷地区居住建筑节能设计标准［S］. 北京：中国建筑工业出版社，2010.

[8] 中国建筑科学研究院. JGJ 142—2004 地面辐射供暖技术规程［S］. 北京：中国计划出版社，2007.

[9] 中华人民共和国住房和城乡建设部. GB/T 50824—2013 农村居住建筑节能设计标准［S］. 北京：中国建筑工业出版社，2012.

[10] 国家玻璃纤维产品质量监督检验中心，全国绝热材料标准化技术委员会，中国标准出版社第五编辑室. 绝热（保温）材料——建筑材料标准汇编［M］. 北京：中国标准出版社，2010.

[11] 建筑材料工业技术监督研究中心，中国质检出版社第五编辑室. 建筑吸声和隔声材料——建筑材料标准汇编［M］. 第 2 版. 北京：中国质检出版社，中国标准出版社，2011.

[12] 全国墙体屋面及道路用建筑材料标准化技术委员会，建筑材料工业技术监督研究中心，中国标准出版社，建筑材料标准汇编——墙体屋面

及道路用材料（上）[M]. 北京：中国标准出版社，2012.

[13] 全国墙体屋面及道路用建筑材料标准化技术委员会，建筑材料工业技术监督研究中心，中国标准出版社，建筑材料标准汇编——墙体屋面及道路用材料（下）[M]. 北京：中国标准出版社，2012.

[14] 中国标准出版社第六编辑室. 建筑节能门窗标准汇编 [M]. 第 2 版. 北京：中国标准出版社，2010.

[15] 中国标准初步社第六编辑室. 建筑外墙保温标准汇编 [M]. 北京：中国标准出版社，2010.

[16] 中国建筑工业出版社，建筑节能标准规范汇编 [M]. 北京：中国建筑工业出版社，2008.

[17] 《全国民用建筑工程设计技术措施节能专篇》编委会. 全国民用建筑工程设计技术措施节能专篇——建筑 [M]. 北京：中国计划出版社，2007.

[18] 北京土木建筑学会. 建筑节能工程设计手册 [M]. 北京：北京科学出版社，2005.

[19] 北京土木建筑学会. 建筑节能工程施工手册 [M]. 北京：北京科学出版社，2005.

[20] 住房和城乡建设部标准定额研究所. 居住建筑节能设计标准应用技术导则—严寒和寒冷、夏热冬冷地区 [M]. 北京：中国建筑工业出版社，2010.

[21] 邓学才. 建筑地面与楼面手册 [M]. 北京：中国建筑工业出版社，2005.

[22] 国家住宅与居住环境工程技术研究中心设计建造研究室策划. 砌体建筑设计与节能技术 [M]. 北京：中国建筑工业出版社，2011.

[23] 李保峰，李钢. 建筑表皮——夏热冬冷地区建筑表皮设计研究院 [M]. 北京：中国建筑工业出版社，2010.

[24] 刘旭琼，林永日，殷岭. 建筑节能门窗配套件技术问答 [M]. 北京：化学工业出版社，2009.

[25] 罗忆，刘忠伟. 建筑节能技术与应用 [M]. 北京：化学工业出版社，2007.

[26] 涂逢祥. 节能窗技术 [M]. 北京：中国建筑工业出版社，2003.

[27] 王立久，艾红梅. 新型屋面材料 [M]. 北京：中国建材工业出版社，2012.

[28] 徐峰，周爱东，刘兰. 建筑围护结构保温隔热应用技术 [M]. 北京：中国建筑工业出版社，2010.

[29] 徐吉焕，寿炜炜. 公共建筑节能设计指南 [M]. 上海：同济大学出版社，2007.

后　记

本书的第一版做了挺久的时间，在长期工作中发现，依据单一的节能规范去进行实践工作并不是理想状态，目前浙江地区民用建筑节能相关就有 3 类设计规范，11 类设计标准，2 份规定文件，30 类标准图集，4 类技术规范，11 类技术规程，27 类建材标准（规程），9 类建材图集。于是从 2007 年开始着手整编内容，之后每年进行增补和更新，直到 2014 年出版。

在这个过程中，一直是忐忐忑忑的，得益于诸多的前辈、老师、专家的不断鼓励、支持与肯定，才最终顺利面世。然后得到中国建筑学会建筑物理分会的认可，拿到了 2014 年中国建筑学会科技进步奖的三等奖。

2015 年是个变化的年份，一个接一个的新条例、新标准、新规程出台，从紧迫的学习与宣贯中也感觉到政策的步伐。话说回来，以前作为工程师，仅仅关注在标准的内容上，对政策并不太在意。而当现在把政策与标准放在一起看的时候，才知道是想岔了，只有把政策放在前面，去读标准才会有更清晰的认识。同样，作废的标准并不是就没用了，其作用有助于看见要点，标准条文中轻重缓急，结合政策再一看，就更是一清二楚，以什么为重心通常就是体现在长远发展的节点问题处理上的。

最后，再次缅怀我们尊敬的、和蔼可亲的林海燕先生，他的功德便是我们的楷模。

2016 年春节于温州